神州数码网络教学改革合作项目成果教材
神州数码网络认证教材

U0161882

创建高级路由型互联网

第3版

主　编　杨鹤男　张　鹏
副主编　闫立国　罗　忠
参　编　包　楠　李晓隆　何　琳　沈天瑢
　　　　石　柳　周志荣　李勇辉

机械工业出版社

本书是神州数码DCNP（高级网络工程师）认证考试的指定教材，主要内容包括IP路由选择原理、OSPF、OSPF高级配置、路由优化、BGP、MPLS技术基础和项目案例。

本书可作为各类职业院校计算机应用专业和网络技术应用专业的教材，也可作为路由器和网络维护工作的指导书，还可作为计算机网络工程技术岗位培训的参考用书。

本书配有微课视频，可扫描书中二维码进行观看。

本书配有电子课件，选择本书作为授课教材的教师可以从机械工业出版社教育服务网（www.cmpedu.com）免费注册下载或联系编辑（010-88379194）咨询。

图书在版编目（CIP）数据

创建高级路由型互联网/杨鹤男，张鹏主编. —3版. —北京：机械工业出版社，2021.4（2024.2 重印）

神州数码网络教学改革合作项目成果教材

神州数码网络认证教材

ISBN 978-7-111-67902-8

Ⅰ. ①创⋯　Ⅱ. ①杨⋯　②张⋯　Ⅲ. ①互联网络—路由选择—教材　Ⅳ. ①TN915.05

中国版本图书馆CIP数据核字（2021）第057981号

机械工业出版社（北京市百万庄大街22号　邮政编码100037）

策划编辑：梁　伟　　责任编辑：梁　伟　张星瑶
责任校对：王　欣　　封面设计：鞠　杨
责任印制：单爱军

北京虎彩文化传播有限公司印刷

2024 年 2 月第 3 版第 3 次印刷

184mm×260mm・9 印张・217千字

标准书号：ISBN 978-7-111-67902-8

定价：32.00元

电话服务	网络服务
客服电话：010-88361066	机　工　官　网：www.cmpbook.com
010-88379833	机　工　官　博：weibo.com/cmp1952
010-68326294	金　书　网：www.golden-book.com
封底无防伪标均为盗版	机工教育服务网：www.cmpedu.com

前　言

　　本书是神州数码DCNP（高级网络工程师）认证考试的指定教材，首先回顾了路由技术基础知识，深入浅出地探讨了实际项目中常见的路由信息协议（RIP）、开放式最短路径优先（OSPF）和边界网关协议（BGP）的原理和应用，以及路由优化技术中的路由再发布、路由过滤和策略路由等项目应用，并对其他路由选择协议和多协议标签交换（MPLS）进行了介绍，使读者对路由技术的认识既有重点又较为全面。

　　本书所介绍的技术和引用的案例都是神州数码推荐的设计方案和典型的成功案例。

　　本书共7章，主要内容包括第1章IP路由选择原理、第2章OSPF、第3章OSPF高级配置、第4章路由优化、第5章BGP、第6章MPLS技术基础和第7章项目案例。

　　本书由杨鹤男、张鹏任主编，闫立国、罗忠任副主编，参加编写的还有包楠、李晓隆、何琳、沈天瑢、石柳、周志荣和李勇辉。

　　本书所用的图标：本书图标采用了神州数码图标库标准图标，除真实设备外，所有图标的逻辑示意如下。

| 高端路
由交换机 | 机架式
三层交换机 | 千兆三
层交换机 | 千兆二
层交换机 | 百兆三
层交换机 | 百兆二
层交换机 | POE千
兆交换机 | 通用网
管交换机 |

| 核心路由器 | 汇聚路由器 | 接入路由器 | 通用路由器 | 多核安全网关 | Web应用
安全防火墙 | 通用防火墙 |

| 盒式AC | 无线发射器 | 室外AP | 机架式服务器 | 塔式服务器 | 笔记本
计算机 | 台式计算机 | 手机 |

　　本书全体编者衷心感谢提供各类资料及项目素材的神州数码网络工程师、产品经理及技术部的同仁，同时也要感谢与编者合作、来自职业教育战线的教师们提供了大量需求建议及参与了部分内容的校对和整理工作。

　　由于编者水平有限，书中不足之处在所难免，欢迎读者批评指正。

编　者

二维码索引

名　称	图　形	页　码	名　称	图　形	页　码
RIP概述		4	OSPF基本配置		39
RIP协议版本		9	路由重发布		43
OSPF路由概述		12	控制路由更新		60
OSPF邻居关系		17	BGP路由概述		67
OSPF路由器类型		21	BGP路由决策过程		90

目　　录

第1章　IP路由选择原理

路由器可以通过3种方式获得网络中的路由信息以实现网络间的数据转发，包括从链路层协议直接学习、人工配置静态路由、从动态路由学习。通过使用动态路由协议，路由器可以自动维护路由信息。根据算法的不同，动态路由协议又可以分成链路状态型和距离矢量型。本章介绍了这两种不同算法路由协议的基本原理，比较了不同算法路由协议之间的异同，并对路由选择过程进行了深入分析。

学习完本章，应该能够达到以下目标。

➤ 掌握路由的分类。

➤ 掌握距离矢量型路由协议的工作原理。

➤ 掌握链路状态型路由协议的工作原理。

➤ 掌握路由选择过程。

➤ 了解不同类型路由协议的异同。

1.1　IP路由选择概述

通过DCNE的学习应该了解路由器的作用是根据数据包的目的地址查找路由表，实现由源到目的网络的最佳路径。路由器在收到一个数据包时解封装到网络层查看目的IP，查询路由表，最后匹配某一条表项找到对应出口将数据包转发。注意，路由表是路由器转发数据包的主要依据，并且只有有效最佳路径信息才能被加入路由表，如图1-1所示。本章将进一步探讨形成路由表的方式，即静态路由协议和动态路由协议。

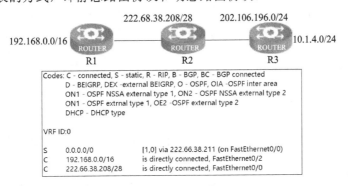

图1-1　R1路由表

1. 静态路由原理

本节将回顾静态路由原理，介绍何时使用静态路由以及配置静态路由时需要注意的问题。

路由器接到数据包后，查找路由表，根据数据包中的目的IP地址，依据路由表中的说明，将该数据包转发到目标网络所在的方向上，所以路由器要执行该动作，必须依靠路由表。而一台出厂的路由器中路由表是空的。在路由器的接口上配置了IP地址，打开接口并保证该接口和链路协议是开启状态，此时，路由器具有自我发现功能，会主动根据该接口配置的地址进行运算，判断该接口的地址所属的网络号码及掩码并将其加入路由表中，这样一条直连路由便会出现在路由表中。直连路由使路由器能够知道自己直连的网络如何到达，当路由器接到直连网络的数据包时，便能在自己的接口间进行转发。但对于那些非直连的网络，路由器不能自主构建路由表，所以得依靠管理员通过手工编辑路由的形式来向路由器中添加路由表项，使路由器能够获得非直连网络的信息以实现数据转发，这种人为配置的方法称为静态路由。静态路由的优点是管理员可以根据网络的情况，人为控制编辑路由表，所以可以得到最大限度地控制数据转发，由于所有的表项人为建立，路由器之间不会因构建路由表而产生额外的报文，所以也不因路由更新产生的流量而占用带宽。静态路由的缺点是随着网络拓扑的变大、路由器的增多，配置量巨大，后期维护烦琐，并且当网络拓扑发生变化时，路由器无法通过路由更新自动收敛，而是需要管理员手动修改路由条目。

因静态路由的配置方式主要通过管理员人为控制和管理，所以在应用的过程中会受到局限，那么需要考虑的问题是在哪些情况下可以使用静态路由。

1）小型网络拓扑。

2）路由器处于末节网络的边界。

3）链路带宽低，不允许在路由器之间传输动态路由协议的路由更新。

4）路由器配置较低，没有足够的CPU或内存资源来运行动态路由协议。

5）管理员需要精确控制路由走向。

6）作为动态路由协议的备份路由。

配置静态路由协议需要注意以下两个问题。

1）数据包从源到达目的经过的所有路由器，都必须配置能够转发的路由信息。

数据包在路由器之间进行转发的过程中，由源到达目的网络的沿途中所经过的每一台路由器都需要配置静态路由，以便路由器能够根据配置的路由信息进行数据转发，且保证路由器转发的方向是正确的。注意，每台路由器都是依照自己的路由表条目转发数据包，而静态路由管理手动编辑每一台路由器的路由表，路由器间没有路由更新。如果沿途的某一台路由器没有配置到达目的地，那么静态路由路由器在查询路由表后发现没有匹配条目就会丢弃此数据包。

2）配置回程路由。

路由是双向的，数据包能够到达目的地址，且目的主机在回复数据包时源地址与目的地址互换，所以需要在路由器上配置回程路由，如图1-2所示。如果只配置了A到B方向的路由，那么还需要在沿途路由器上配置B到A方向的路由。如果只配置A到B方向的路由，那么结果是数据包能够到达B但无法从B返回A，因为没有由B方向返回到A方向的回程路由。因此应该注意，数据包能够从源达到目的，且目的返回的数据包也能够返回到源，如此才能够形成通信关系。在配置路由时，除了要保证数据包能够被沿途的每一台路由器根据路由表转发到目的之外，也能够保证返回的数据包能够被路由回本地。在配置路由或者分析数据包路由过程时，应该熟记路由是单向的，而数据则是双向的。

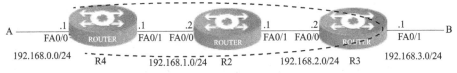

图1-2　配置回程路由

2．动态路由选择协议

通过上一节知道了静态路由比较适用于路由器数量少的小型网络拓扑，而在中大型网络拓扑中静态路由协议将面临配置工作量大、后期维护烦琐的问题。因此，在中大网络拓扑中会经常会使用动态路由协议。动态路由协议在了解自身的直连网络信息后会通过路由更新的形式将自身的路由表发给邻居路由器，邻居路由器根据收到的路由更新进行收敛来完善自己的路由表，然后将自己更新后的路由表发给邻居，每台路由器都如此操作，经过几轮路由器间的路由更新，所有的路由器对网络拓扑达成一致后即完成收敛，如图1-3所示。收敛即路由器对收到的路由信息进行计算比较，将最优路由信息加入路由表的过程。这个过程所需要的时间，被称为收敛时间。收敛时间的长短意味着路由的处理能力及路由协议的优劣。

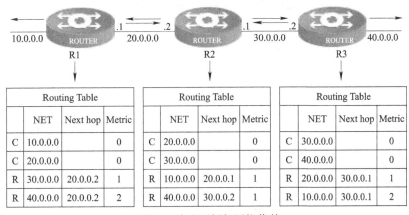

图1-3　路由更新与网络收敛

下面是一些常见动态路由协议。

1）路由信息协议（Routing Information Protocol，RIP）。

2）开放路径最短优先（Open Shortest Path First，OSPF）。

3）中间系统到中间系统（Intermediate System-to-Intermediate System，IS-IS）。

4）增强型内部网关路由协议（Enhanced Interior Gateway Routing Protocol，EIGRP）。

5）边界网关路由协议（Border Gateway Protocol，BGP）。

1.2　路由选择协议的特征原理

动态路由协议有很多种，根据协议的一些共同特征如网络的大小、范围、计算方法或者度量等因素可分为不同的类型。根据工作的自治系统（Autonomous System，AS）范围，动态路由协议分为内部网关协议（Interior Gateway Protocol，IGP）和外部网关协议（Exterior Gateway Protocol，EGP）。其中IGP又根据算法分为距离矢量路由协议和链路状态路由协议两种。距离矢量算法的一个具体协议为RIP，链路状态路由协议包括OSPF和IS-IS两种协议。而EGP就只有一个具体协议为BGP。同时这些协议还可以根据更新过程中是否携带掩码或者是否支持子网被划分为有类路由协议和无类路由协议。

路由协议的工作原理如下。

各种动态路由协议工作的共同目的是计算与维护路由。通常各种动态路由协议的工作过程大致相同，都包含以下3个阶段。

1）邻居发现。运行了某种路由协议的路由器会主动把自己介绍给网段内的其他路由器。路由器通过发送广播报文或发送给指定的路由器邻居来做到这一点（交换路由信息）。发现邻居后，每台路由器将已知的路由相关信息发给相邻的路由器，相邻的路由器又发送给下一台路由器。这样，经过一段时间，最终每台路由器都会收到网络中所有的路由信息。

2）计算路由。每一台路由器都会运行某种算法，并计算出最终的路由。实际上，需要计算的是该条路由的下一跳和度量值。

3）维护路由。为了能够观察到某台路由器突然失效（由于路由器本身故障或连接线路中断）等异常情况，路由协议规定两台路由器之间的协议报文应该周期性地发送。如果路由器有一段时间收不到邻居发来的协议报文，则可以认为该邻居失效了。

各个路由协议的工作原理大致类似，但在实现细节上会有所不同，本章中会介绍路由选择协议的分类以及各类的特征。

1.3　距离矢量路由协议与链路状态路由协议

扫码看视频

1. 距离矢量路由协议概述

距离矢量算法是以R.E.Bellman、L.R.Ford和D.R.Fulkerson所做的工作为基础的，因此，把距离矢量路由协议称为Bellman-Ford或者Ford-Fulkerson算法。

距离矢量路由协议根据其开发者也称为Bellman-Ford协议。距离矢量协议定期向相邻路由器发送的路由更新中包含以下两类信息。

1）距离——度量值，到达目的网络有多少个度量值。到达同一个目标网络时，度量值越小，路径越优。

2）矢量——下一跳或者本地出口，可以明确指明数据包转发的方向或者是由本地的哪个出口转发出去。

距离矢量路由器定期向相邻的路由器发送它们的完整路由表，告知相邻路由器自己所知的路由信息。距离矢量路由器在从相邻路由器所接收信息的基础上建立自己的路由表，并将在哪个路由器学习得到路由信息就会以哪个路由器作为它去往相应目的网络的下一跳路由器。路由器再将自己学习到的及自己原来的路由信息传递到它的相邻路由器，其他的距离矢量路由器再以相同的方法处理。如此，网络中的所有路由信息就会被全部共享出来，且每个路由器都会知道自己非直连的网络信息可以通过哪个相邻的路由器转发，接到数据包时可以根据计算出来的路由表（收集的信息表）进行转发。所以除了直连表，其他表项是在邻居路由器共享出来的第二手信息的基础上建立的。

在距离矢量协议中，每台路由器在信息上都依赖于自己的相邻路由器，而它的相邻路由器又是从它们自己的相邻路由器那里学习路由，依此类推，一传十，十传百。正因为如此，一般把距离矢量路由协议称为"依照传闻的路由协议"。

2．距离矢量路由算法

距离矢量路由协议通常不关心邻居是谁、在哪里，默认为在路由器运行该协议的所有接口上都会有自己的邻居。在开始阶段，采用这种算法的路由器以广播或组播的形式向自己的所有启用协议的接口发送协议报文，请求邻居的路由信息；邻居路由器收到请求后会回应应答报文，回应的应答报文中携带全部路由表，这样就完成了路由表的初始化过程。

为了保证路由表的有效性，路由器会持续地维护路由信息，包括自己的、发布的及从邻居学到的路由信息，以一定的时间间隔向相邻的路由器发送路由更新，路由更新中携带本路由器的全部路由表。路由器会为路由表中的表项设定超时时间。如果超过一定时间接收不到路由信息的更新，则路由器会认为原有的路由失效，将其从路由表中删除，以实现动态的更新维护。

距离矢量路由协议以到目的地的距离（跳数）作为度量值，距离越大，路由越差。但是，采用跳数作为度量值并不能完全反映链路带宽的实际状况，有时会造成协议选择次优路径。当网络拓扑发生变化时，距离矢量路由协议首先向邻居通告路由更新。邻居路由器根据收到的路由更新来更新自己的路由，然后继续向外发送更新后的路由。这样，拓扑变化的信息会以逐跳的方式扩散到整个网络。

距离矢量路由协议基于贝尔曼-福特算法（又称为D-V算法）。这种算法的特点是计算路由时只考虑目的网段的距离和方向。路由器从邻居接收路由更新后，将路由更新中的路由表项加入自己的路由表中，其度量值在原来的基础上加一，表示经过了一跳，并将路由表项的下一跳置为邻居路由器的地址，表示是经过邻居路由器学到的。距离矢量路由协议完全信任邻居路由器，它并不知道整个网络的拓扑环境，这样在环形拓扑网络中可能会产生路由环路。因此，采用D-V算法的路由器使用了一些避免环路的机制，如水平分割、路由毒化和毒性逆转等。

RIP是一种典型的距离矢量路由协议。它的优点是配置简单，算法只占用较少的内存和CPU处理时间；缺点是算法本身不能完全杜绝路由自环，收敛相对较慢，周期性广播路由更新占用网络带宽较大，扩展性较差，并且最大跳数不能超过16。

3．链路状态路由协议

链路状态路由协议基于Dijkstra算法，有时被称为最短路径优先算法。在开始阶段，采用这种算法的路由器以组播方式发送Hello报文来发现邻居路由器。收到Hello报文的邻居路由器会检查报文中所定义的参数。如果双方一致，那么会形成邻居关系。有路由信息交换需求的邻居路由器会生成邻接关系，进而可以交换链路状态通告（Link State

Advertisement，LSA）。

链路状态路由协议用LSA来描述路由器周边的网络拓扑和链路状态。邻接关系建立后，路由器会将自己的LSA发送给区域内的所有邻接路由器，同时也从邻接路由器接收LSA。每台路由器都会收集其他路由器的LSA，所有的LSA放在一起便组成了链路状态数据库（Link State Database，LSDB）。LSDB是对整个自治系统（AS）的网络拓扑结构的描述。

路由器将LSDB转换成一张带权的有向图，这张图便是对整个网络拓扑结构的真实反映。各个路由器得到的有向图是完全相同的。每台路由器根据有向图，使用最短路径优先算法计算出一棵以自己为根的最短路径树，这棵树给出了到自治系统中各结点的路由。

链路状态路由协议以到达目的地的开销（Cost）作为度量值。路由器根据该接口的带宽自动计算到达邻居的权值。带宽与权值成反比，即带宽越高，权值越小，也就表示到邻居的路径越好。在使用最短路径优先算法计算最短路径树时，将自己到各结点的路径上的权值相加，也就计算出了到达各结点的开销，并将此开销作为路由度量值。

当网络拓扑发生变化时，路由器并不发送路由表，而只是发送含有链路变化信息的LSA。LSA在区域内扩散，会被所有路由器收到。然后各个路由器更新自己的LSDB，再运行SPF算法，重新计算路由。这样的好处是带宽占用小，路由收敛速度快。

因为采用链路状态路由协议的路由器知道整个网络的拓扑，且采用了Dijkstra算法，所以从根本上避免了路由环路的产生。

OSPF和IS-IS属于链路状态路由协议。它们能够完全杜绝协议内的路由自环，且采用增量更新方式来通告变化的LSA，占用带宽少。OSPF和IS-IS采用路由分组和区域划分等机制，所以能够支持大规模的网络，且扩展性较好。但相对RIP来讲，OSPF和IS-IS的配置更复杂一些。

4．路径矢量路由选择协议

有些高级的距离矢量路由选择协议又被称为路径矢量路由协议。该路径矢量路由协议结合了距离矢量路由协议和链路状态路由协议的优点，如BGP。

该路径矢量路由协议采用单播方式与相邻路由器建立邻居关系。邻居关系建立后，根据预先配置的策略，路由器将全部或部分带有路由属性的路由表发送给邻居。邻居收到路由表后，根据预先配置的策略将全部或部分路由信息加入自己的路由表中。

当路由信息发生变化时，该路径矢量路由协议只发送增量路由给邻居，减少带宽的消耗。邻居关系是以单播方式，通过传输控制协议（Tranfer Control Protocol，TCP）三方握手形式建立的，并且在建立后定时交换存活（Keepalive）报文，以维持邻居关系正常。如果邻居断开，则相关路由失效。

路径矢量路由协议采用丰富的路由属性作为路由度量值。属性包括路由的起源、到目的地的距离、本地优先级和MED值等，并且这些路由属性都可根据网络实际情况由管理员进行修改。

在拓扑发生变化时，路径矢量路由协议仅将变化的路由信息发送给邻居路由器，以逐跳的方式在全网络内扩散。但是由于采用触发更新机制，变化的路由能够很快通知到整个网络。

　　BGP属于路径矢量路由协议。它采用一些方法能够防止路由环路。BGP对AS间传递的路由都记录了经过的AS号码，这样路由器接收到路由时可以据此查看此条路由是不是自己发出的。在AS内，BGP规定路由器不能把从邻居学到的路由信息再返回给邻居。

　　BGP通过与邻居路由器建立对等体来交换路由信息，并采用增量更新机制来发送路由更新，即只有当路由表变化时才发送路由更新信息，从而节省了相邻路由器之间的链路带宽。

1.4　路由收敛

　　无论使用何种类型的路由选择算法，网络上的所有路由器都需要时间用以计算、更新和维护它们的路由表，这个过程称为收敛。在收敛的过程中，每个路由协议都维护了自己的路由表，这种路由表称为协议路由表。协议路由表中只记录了本路由协议学习和计算的路由。

　　大多数路由协议都支持多进程。各个协议进程之间互不影响，相互独立。各个进程之间的交互相当于不同路由协议之间的路由交互。

　　各个路由协议的各个进程独立维护自己的路由表，然后统一汇总到IP路由表中。IP路由表即网络设备转发数据包的主要依据，又称为全局路由表。那么一台路由器同时运行多个协议，每个协议都会维护自己的路由表，而哪个协议学习到的路由会被加入IP路由表中，则需要一个收敛过程来完成。IP路由表首先会判断要加入路由表中的协议表是否有效，若有效，则选择路由协议优先级高的路由使用。如果协议优先级一致，则再选择度量值最优的路由作为IP路由表的有效（Active）路由，指导IP报文转发。其余的路由作为备份，如果有效路由失效，那么将直接从路由表中删除，再重新选择最优的协议路由加入IP路由表中。

　　路由度量值只在同一种路由协议内才有比较意义，不同路由协议之间的路由度量值没有可比性，也不存在换算关系。

　　对于相同的目的地，不同的路由协议（包括静态路由协议）可能会发现不同的路由，但这些路由并不都是最优的。事实上，在某一时刻，到某一目的地的当前路由仅能由唯一的路由协议来决定。为了判断最优路由，各路由协议（包括静态路由协议）通过管理距离来表明不同协议的优先级。当存在多个路由信息源时，具有较高管理距离的路由协议所发现的路由将成为当前最优路由。各种路由协议及其发现路由的默认管理距离见表1-1。

表1-1　路由协议及默认时的管理距离

路由来源	管理距离
直连路由	0
使用出口配置的静态路由	0
使用下一跳配置的静态路由	1
EIGRP汇总路由	5

（续）

路 由 来 源	管 理 距 离
外部BGP	20
内部EIGRP	90
IGRP	100
OSPF	110
IS-IS	115
RIPv1、RIPv2	120
EGP	140
外部EIGRP	170
内部BGP	200

路由协议或路由种类相应路由的优先级通过比较该路由的管理距离值来确定，值的范围为0～255，0为直连路由不可更改和重新赋值，所以可配置或修改的管理距离的范围为1～255。并不是所有厂商的管理距离都是一致的，管理距离可以修改，在工程项目实施过程中应用时，需要参考不同厂商的定义或者命名方法，如华为则称之为优先级。

表1-1中，0表示直接连接的路由，1表示静态路由，数值越小表明优先级越高。除了直连路由（DIRECT）之外，各种路由的优先级都可以由用户手工进行配置。如在配置静态路由时，可以通过更改管理距离影响所配置路由的优先性，以实现路由信息备份的功能。

1.5 路由进入路由表准则

有效的下一跳IP地址：路由器收到路由更新后首先检查路由条目的下一跳IP地址是否有效。

度量值：如果下一跳有效，到目的地的路由通过相同路由协议学习到多条路由，那么，路由器会选择度量值低的条目放进路由表中。

管理距离：接下来需要考虑的是管理距离，如果到目的地的路由是通过不同路由协议学习到的，那么，路由器会选择管理距离低的路由协议放进路由表。

前缀：路由器查看路由更新中的前缀，如果路由表已存表项中没有与之完全一样的前缀，则将此路由加入路由表中。例如，假设路由器运行了3个路由进程，分别是RIP、OSPF和EIGRP，路由器分别从这3个进程中学习到以下前缀。

EIGRP:10.1.1.0/24

RIP:10.1.1.0/25

OSPF:10.1.1.0/26

由于这3条路由的前缀长度不一样，所以该路由将视为3条不同路由全部加入路由表中。

1.6　路由选择协议的比较

扫码看视频

目前常用的路由协议包括RIP-1/2、OSPF、IS-IS和BGP四种。本节对这些协议的特点进行全面的比较。

RIP是最早的路由协议，其设计思想是为小型网络提供简单易用的动态路由，其算法简单，对CPU和内存资源要求低。RIP采用广播（RIP-1）或组播（RIP-2）方式在邻居间传送协议报文，传输层采用用户数据报协议（User Datagram Protocol，UDP）封装，端口号是520。由于UDP是不可靠的传输层协议，所以RIP被设计成周期性地广播全部路由表，即如果邻居超过3次无法收到路由更新，则认为路由失效。RIP-1不支持验证，其安全性较低；RIP-2对RIP-1进行了改进，从而能够支持验证，提高了安全性。

OSPF是目前应用最广泛的路由协议。其设计思想是为大中型网络提供分层次的、可划分区域的路由协议。其算法复杂，但能够保证无域内环路。OSPF采用IP来进行承载，所有的协议报文都由IP封装后进行传输，端口号是89。IP是尽力而为的网络层协议，本身是不可靠的。因此，为了保证协议报文传输的可靠性，OSPF采用了确认机制。在邻居发现阶段和交互LSA的阶段，OSPF都采用确认机制来保证传输可靠。OSPF支持验证，从而使其安全性得到了保证。

IS-IS是另外一种链路状态型的路由协议，其同样采用Dijkstra算法，支持路由分组管理与划分区域，同样可应用在大中型网络中，可扩展性好。与OSPF不同的是，IS-IS直接运行在基本链路层，其所有协议报文通过链路层协议来承载。因此，IS-IS也可以运行在无IP的网络中，如开放系统互联（Open System Interconnect，OSI）网络。为了保证协议报文传输的可靠性，IS-IS同样设计了确认机制来保证协议报文在传输过程中没有丢失。IS-IS也支持验证，从而使安全性得到了保证。

BGP是唯一的EGP。与其他协议不同，BGP采用TCP来保证协议传输的可靠性，TCP端口号是179。TCP本身有三方握手的确认机制。采用运行BGP的路由器时，首先要建立可靠的TCP连接，其次通过TCP连接来交互BGP报文。这样，BGP不需要自己设计可靠传输机制，降低了协议报文的复杂度和开销。另外，BGP的安全性也可以由TCP来保证，这是因为TCP支持验证功能，通过验证的双方才能够建立TCP连接。

BGP自己不学习路由，它的路由来源于IGP，如OSPF等。管理员手工指定哪些IGP路由能够导入BGP中，并手工指定BGP能够与哪些邻居建立对等体关系从而交换路由信息。

将以上4种协议的端口号、可靠性和安全性进行总结，见表1-2。

表1-2　路由协议的可靠性和安全性

路由协议	协议	端口	可靠性	安全性（是否支持验证）
RIP-1	UDP	520	低	否
RIP-2	UDP	520	低	是
OSPF	IP	89	高	是
IS-IS	基于链路层协议		高	是
BGP	TCP	179	高	是

RIP与BGP属于距离矢量型路由协议，其中BGP又属于路径矢量型路由协议。由于RIP-1是早期的路由协议，所以其不支持无类别（Classless）路由，只能支持按类自动聚合，并且不支持可变长子网掩码（VLSM），所以其应用有一定限制。

除RIP-1外，其他路由协议都能够支持VLSM和手工聚合，这样能够对网络进行很细致的子网划分和汇聚，从而节省了IP地址，减少路由表数量。

由于RIP和BGP的路由更新需要以逐跳的方式进行传播，所以路由收敛速度慢。而链路状态型的路由协议采用SPF算法，根据自己的LSDB进行路由计算，所以收敛速度快。

RIP是使用跳数作为度量值，而OSPF和IS-IS使用开销作为度量值。BGP的度量值较为复杂，包含了多个属性，并可手工修改属性值以控制路由。

所有的路由协议都采用定时器来维护邻居关系和路由信息。

RIP不需要建立邻居关系，而是直接交换路由信息。RIP定义了Update定时器，表示发送路由更新的时间间隔，其默认时间是30s，同时定义了Timeout定时器，表示路由老化时间，默认时间是180s。如果在老化时间内没有收到关于某条路由的更新报文，则该条路由在路由表中的度量值将会被设置为16，表示无效路由。

OSPF和IS-IS首先需要建立邻居关系，然后在形成邻接关系的路由器之间交互LSA。OSPF定义了Hello定时器，表示接口向邻居发送Hello报文的时间间隔，其广播网络类型链路上的默认时间是10s。同时，OSPF定义了邻居失效时间，广播网络类型链路上的默认时间是40s。在邻居失效时间内，如果接口还没有收到邻居发送的Hello报文，则路由器就会宣告该邻居无效。

BGP采用TCP来建立BGP对等体，然后交换BGP路由。当对等体之间建立了BGP连接后，它们定时向对端发送存活（Keepalive）消息，以防止路由器认为BGP连接已中断。若路由器在设定的连接保持时间（Holdtime）内未收到对端的Keepalive消息或任何其他类型的报文，则认为此BGP连接已中断，从而断开此BGP连接。在默认情况下，BGP的存活时间间隔为60s，保持时间为180s。

将这4种协议的特性进行总结，见表1-3。

表1-3　路由协议特性比较

特　　　性	RIP-1	RIP-2	OSPF	IS-IS	BGP
距离矢量算法	√	√	—	—	√
链路状态算法	—	—	√	√	—
支持VLSM	—	√	√	√	√
支持手工聚合	—	√	√	√	√
支持自动聚合	√	√	—	—	√
支持无类别	—	√	√	√	√
收敛速度	慢	慢	快	快	慢
度量值	跳数	跳数	开销	开销	路径属性

1.7 本章小结

➤ 路由包括直连、静态和动态等。
➤ 距离矢量型路由协议的工作原理。
➤ 链路状态型路由协议的工作原理。
➤ 系统通过优先级来进行不同协议间的路由选择。
➤ 距离矢量型路由协议与链路状态型路由协议的比较。

1.8 习题

1) 以下哪些是动态路由协议的优点？（　　　）
　　A．无须人工维护路由表项　　　　　　B．协议本身占用链路带宽小
　　C．由链路层协议发现，无须配置　　　D．能够自动发现拓扑变化
2) 在默认情况下，静态路由的优先级是（　　　）。
　　A．0　　　　　　　　B．10　　　　　　　C．60　　　　　　　D．00
3) 下列哪些路由协议能够支持手工聚合？（　　　）
　　A．OSPF　　　　　　B．BGP　　　　　　C．RIP-1　　　　　D．IS-IS
4) 下列哪些路由协议是基于TCP承载的？（　　　）
　　A．OSPF　　　　　　B．BGP　　　　　　C．RIP-1　　　　　D．IS-IS
5) 下列哪些是路径矢量型路由协议的特点？（　　　）
　　A．邻居建立后发送增量路由　　　　　B．采用机制能够防止路由环路
　　C．具有丰富的路由属性　　　　　　　D．路由收敛速度快

第2章 OSPF

开放最短路径优先（Open Shortest Path First，OSPF）是互联网工程任务组（Internet Engineering Tash Force，IETF）开发的一个基于链路状态的内部网关协议，目前在互联网上被大量使用。本章主要介绍OSPF的工作原理，包括其分层结构、网络类型、报文封装、邻居建立和维护等内容。

学习完本章，应该能够达到以下目标。

➢ 了解OSPF的特点。

➢ 掌握OSPF的分层结构。

➢ 掌握OSPF中的网络类型。

➢ 掌握OSPF报文的封装。

➢ 掌握OSPF的状态迁移。

2.1 OSPF概述

1．OSPF回顾

扫码看视频

OSPF是由IETF开发的路由协议，用来替代存在问题的RIP。现在，OSPF是IETF组织建议使用的内部网关协议。OSPF是一个链路状态协议，如DCNE中介绍，它使用Dijkstra的最短路径优先算法，而且是开放标准，不属于任何一个厂商或组织所私有。OSPF有很多历史版本，目前的版本2是IPv4仍然使用的，最近的更新在RFC2328中进行了说明。

本章就从基础入手来了解OSPF。

OSPF的特性如下。

1）适应规模较大的网络——支持各种规模的网络，最多可支持几百台路由器。

2）快速收敛—— 在网络的拓扑结构发生变化后立即发送更新报文，并使这一变化在整个自治系统中快速同步。

3）无自环—— 由于OSPF根据收集到的链路状态用最短路径树算法计算路由，从算法本身上保证了不会形成路由环路。

4）区域划分—— 允许自治系统的网络被划分成区域来管理，区域间传送的路由信息被进一步抽象，从而减少了占用的网络带宽。

5）等价路由——支持到同一目的地址的多条等价路由负载均衡。

6）路由分级—— 使用4类不同的路由，按优先顺序来说分别为区域内路由、区域间路由、第一类外部路由和第二类外部路由。

7）支持验证——支持基于接口的协议报文验证，以保证协议报文交互的安全性。

8）组播发送——在某些类型（广播和点对点类型）的链路上以组播地址发送协议报文，减少对其他设备的干扰。

OSPF基本原理如下。

作为典型的链路状态型路由协议，OSPF的工作过程包含了邻居发现、路由交换、路由计算和路由维护等阶段。这些过程中主要涉及以下3张表，分别为邻居表、LSDB和路由表。

1）邻居表。运行OSPF的路由器以组播的方式（目的地址为224.0.0.5）发送Hello报文来发现邻居。收到Hello报文的邻居路由器检查报文中所定义的参数，如果双方一致就会形成邻居关系。邻居表会记录所有建立了邻居关系的路由器，包括相关描述和邻居状态。路由器会定时地向自己的邻居发送Hello报文，如果在一定的周期内没有收到邻居的回应报文，则认为邻居路由器已经失效，将它从邻居表中删除。

2）链路状态数据库（LSDB）。链路状态数据库有时又称为拓扑表。根据协议规定，运行OSPF的路由器之间并不是交换路由表，而是交换彼此对于链路状态的描述信息。交换完成之后，所有同一区域的路由器的拓扑表中都具有当前区域的所有链路状态信息，并且都是一致的。

3）路由表。运行OSPF的路由器在获得完整的链路状态描述之后，运用Dijkstra算法进行计算，并且将计算出来的最优路由加入OSPF路由表中。

OSPF基于Dijkstra算法，又称为最短路径优先（Shortest Path First，SPF）算法。这种算法的特点是，路由器收集网络中链路或接口的状态，然后将自己已知的链路状态向该区域的其他路由器通告。这样，区域内的每台路由器都建立了一个本区域的完整的链路状态数据库。然后路由器根据链路状态数据库来创建自己的网络拓扑图，并计算生成路由，如图2-1所示。

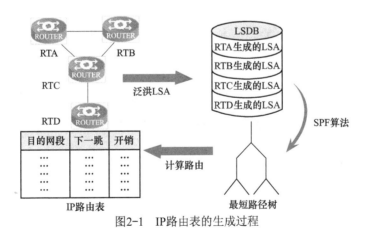

图2-1　IP路由表的生成过程

OSPF路由的生成过程具体如下。

第一步：生成LSA描述自己的接口状态。

每台运行OSPF的路由器都根据自己周围的网络拓扑结构生成LSA（链路状态通告）。LSA中包含了接口状态（up或down）、链路开销、IP地址/掩码等信息。

OSPF链路开销值与接口带宽密切相关。在默认情况下，开销值与接口带宽成反比。此外，为了对协议选路的结果进行人工干预，路由器也支持通过命令来指定接口的开销值。

第二步：同步OSPF区域内每台路由器的LSDB。

OSPF路由器通过交换LSA来实现LSDB的同步。

由于一条LSA是对一台路由器或一个网段拓扑结构的描述，整个LSDB就形成了对整个网络拓扑结构的描述。LSDB实质上是一张加权的有向图，而这张图便是对整个网络拓扑结构的真实反映。显然，OSPF区域内所有路由器得到的是一张完全相同的图。

第三步：使用SPF计算出路由。

OSPF路由器用SPF算法以自身为根结点计算出一棵最短路径树。在这棵树上，由根到各个结点的累计开销最小，即由根到各结点的路径在整个网络中都是最优，这样也就获得了由根去往各个结点的路由。计算完成后，路由器将路由加入OSPF路由表。当SPF算法发现有两条到达目标网络的路径的Cost值相同时，就会将这两条路径都加入OSPF路由表，形成等价路由。

2. OSPF区域结构

在OSPF的运行中，最基本的过程是在路由器之间交换各自的链路状态，在这个阶段，所有运行OSPF的路由器都需要相互交换各自的链路状态信息，其目标是让所有OSPF路由器都知道整个网络中每台路由器的周围链路有哪些、其状态和属性是怎样的。因为只有这样，OSPF路由器才能形成整个网络的拓扑结构图，才能进一步计算到每个网络的路径。

然而，路由协议传递消息是要占用网络带宽的，试想一个包含多个OSPF路由器的网络中，每台路由器都将自己的链路状态一层一层传递到核心路由器，这将占用大量网络带宽。

解决问题的办法就是缩小这个范围，将可以接受的链路状态传递流量限制在合理的范围内，这个范围就是"区域"。OSPF区域将网络分为若干个较小部分，以减少每台路由器存储和维护的信息量。

每台路由器最终会拥有它所在区域的完整信息。各区域之间的信息是共享的，路由选择信息可以在区域边缘被过滤（某些信息将不允许跨越边界进入其他区域），过滤可以减少路由器里存储的路由选择信息量。

划分区域的好处如下。

1）减少CPU负担。

2）DB（路由数据库）减少，LSA（链路状态通告）减少。

3）某些LSA被限制在区域内。

划分多区域的方法如下。

1）骨干区域要和非骨干区域（常规区域）必须直接相连。

2）区域0为骨干区域，所有ABR（区域边界路由器）都至少有一个接口属于区域0。

图2-2所示为OSPF多区域示例。

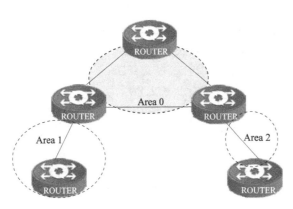

图2-2　OSPF多区域

3．OSPF邻接关系的建立

邻居关系形成后，路由器之间就可以开始进行邻接关系的建立了。成为邻接关系的路由器之间，不仅是进行简单的Hello报文的交换，而且是进行整个数据库的交换。

邻接关系的建立需要经历如下几个阶段。

1）Down状态，表示在网络中没有收到任何信息，或在最近一个Router Dead Interval内没有收到Hello包。

2）Attempt状态，在Frame Relay和X.25等非广播多路访问网络（NBMA）中，这种状态是一个中间状态，当具有指定路由器（Designated Router，DR）选举资格的路由器的NBMA网络接口开始变为活跃时，或者当这台路由器成为DR或备份指定路由器（Back-up Designated BDR）时，这台路由器会认为它的邻居状态为Attempt状态，表示它没有从其配置的邻居路由器上接收任何信息。

3）Init状态，相关端口检测到从邻居路由器上来的Hello报文，但还没有建立起双向通信。

4）Two-way状态，路由器与其邻居路由器建立起双向通信，路由器会在其邻居路由器发送过来的Hello报文中看到自己的路由器ID。在这个状态的末段，将进行DR和BDR的选择，邻居路由器之间决定是否建立邻接关系。

以上状态机可用如图2-3所示的方式理解。

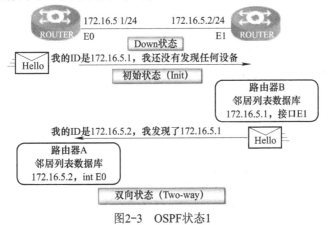

图2-3　OSPF状态1

5）Exstart状态，路由器在该状态中会产生一个初始序列号，用来交换信息报文，这个序列号能确保路由器收到的是最新的报文信息，一个路由器将成为主路由器（Master），另一个路由器则成为从路由器（Slave），主路由器会获得从路由器的信息。

6）Exchang状态，路由器通过发送DD报文（Database Description Packets）来建立其整个链路状态数据库。在这个状态过程中，报文会泛洪（Flooding）到路由器的其他端口上。同时路由器也会发送请求数据包给它的邻居路由器，用来请求最新的LSA。

以上状态可以参考图2-4进行理解。

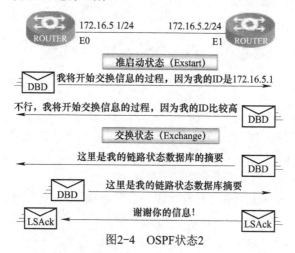

图2-4　OSPF状态2

7）Loading：相互发送LS Request报文请求LSA，发送LS Update通告LSA。

8）Full：两路由器的LSDB已经同步。

以上状态可以参考图2-5进行理解。

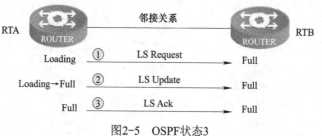

图2-5　OSPF状态3

4．OSPF度量值的计算

OSPF度量值的计算方法就是把每一段网络的带宽倒数累加起来乘以100 000 000。简单来说，OSPF度量值与带宽相关。此时，OSPF根据其度量值选择了带宽较大的路径传输数据。

5．OSPF链路状态数据库

每台路由器通过发送链路状态通告LSA提供有关路由器的邻接信息，或通知其他路由器某个路由器的状态改变了。通过把已经建立的邻接路由器与连接状态相比较，可以快速检测出失效路由器，并适时修改网络的链路状态数据库，每一台路由器以其自身为根计算一棵最短路径树，该最短路径树就提供了一个路由表。

OSPF规定，每两个相邻路由器每隔10s要交换一次Hello报文，以确知哪些邻接关系是可达的。只有可达邻接关系的路由器链路状态信息才存入链路状态数据库，并由此计算路由表。

若有40s没有收到某个相邻路由器发来的Hello报文，则可认为该相邻路由器不可达，应立即修改链路状态数据库，并重新计算路由表。

当一个路由器刚开始工作时，它只能通过Hello报文得知有哪些相邻的路由器在工作，以及将数据发往相邻路由器的花销。OSPF让每一个路由器用Database Description报文和相邻路由器交换本数据库中已有的链路状态摘要信息（指出有哪些路由器的链路状态信息已写入数据库）。之后路由器使用Link State Request报文向对方请求发送自己所缺的某些链路状态项目的详细信息。通过一系列的这种报文的交换，全网的链路状态数据库就建立起来了。

在网络运行的过程中，只要一个路由器的链路状态发生变化，该路由器就要使用Link State Update报文，用泛洪的方式向全网更新链路状态。当一个重复的报文到达时，网关丢弃该报文，而不发送它的副本。为了确保链路状态数据库与全网的状态保持一致，OSPF还规定每隔一段时间（如30min）要刷新一次数据库中的链路状态。

图2-6为OSPF链路状态数据库的请求过程。

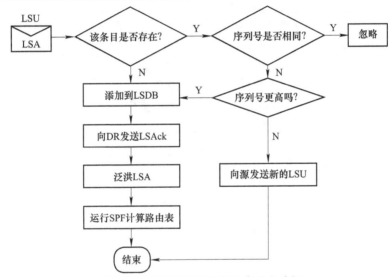

图2-6 OSPF 链路状态数据库请求过程

2.2 OSPF网络类型

OSPF根据链路层协议将网络分为下列4种类型。

扫码看视频

1）Broadcast：当链路层协议是Ethernet、光纤分布式数据接口（Fiber Distributed Data Interface，FDDI）时，OSPF默认网络类型为Broadcast。在该类型的网络中，通常以组播形式（224.0.0.5和224.0.0.6）发送协议报文。

2）NBMA（Non-Broadcast Multi-Access，非广播多路访问）网络：当链路层协议是帧中继、ATM或X.25时，OSPF默认网络类型为NBMA。在该类型的网络中，以单播形式发送协议报文。对于接口网络类型为NBMA的网络需要进行一些特殊的配置。由于无法通过组播"招呼"报文的形式来发现相邻路由器，必须手工为该接口指定相邻路由器的IP地址，以及该相邻路由器是否有DR（指定路由器）选举权等。NBMA网络必须是全连通的，即网络中任意两台路由器之间都必须有一条虚电路直接可达。当部分路由器之间没有直接可达的电路时，应将接口配置成点对多点（P2MP）类型。如果路由器在NBMA网络中只有一个对端，那么也可将接口类型配置为点对点（P2P）类型。

3）P2P（Point-to-Point，点对点）：当链路层协议是PPP、HDLC时，OSPF默认网络类型是P2P。在该类型的网络中，路由器以组播形式（224.0.0.5）发送协议报文。

4）P2MP（Point-to-MultiPoint，点对多点）：没有一种链路层协议会被默认为是P2MP类型。点对多点必须是由其他网络类型强制更改的。常用做法是将NBMA改为点对多点的网络。在该类型的网络中，路由器以组播形式（224.0.0.5）发送协议报文。

1. 广播多路访问网络邻接行为

广播多路访问（Broadcast Multiple Access，BMA），如图2-7所示。OSPF运行在广播型多路访问结构中具有以下特点。

1）典型代表是以太网。

2）BMA网络结构中选举DR/BDR。

3）通过Hello数据包自动建立和维持邻居关系。

4）Hello周期为10s，Dead周期为40s。

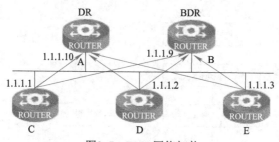

图2-7　BMA网络拓扑

2. 非广播多路访问网络邻接行为

非广播多路访问（NBMA），如图2-8所示。OSPF运行在非广播多路访问结构中具有以下特点。

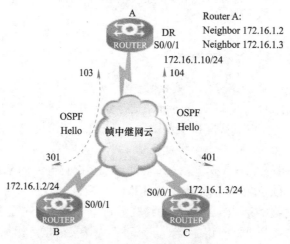

图2-8　NBMA类型网络拓扑

1）典型代表是帧中继接口类型为"NO_BROADCAST"的网络。

2）OSPF不会在帧中继接口发送Hello数据包建立邻接关系，需要在OSPF中手动使用"neighbor"命令来指定邻居。

3）NBMA网络依然属于多路访问型网络，需要选举DR/BDR，由于Hello数据包只能传1跳，在Hub-and-Spoke结构中，需要将处在"Hub"端的路由器设置为DR。

4）Hello周期为30s，Dead周期为120s。

3．点对点网络邻接行为

点对点（P2P），如图2-9所示。OSPF运行在点对点结构中具有以下特点。

1）典型代表是PPP链路或帧中继接口类型为"Point to Point"。

2）不选举DR/BDR。

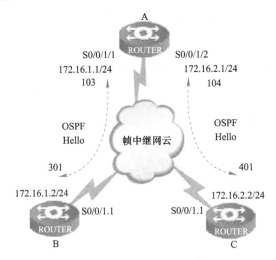

图2-9　P2P类型网络拓扑

4．点对多点链路邻接行为

点对多点（P2MP），如图2-10所示。OSPF运行在点对多点结构中具有以下特点。

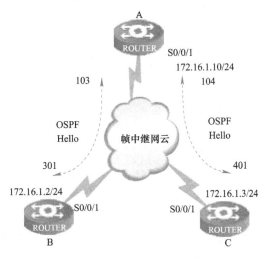

图2-10　P2MP类型网络拓扑

1）点对多点网络中不需要选举DR/BDR。

2）Hello周期为30s，Dead周期为120s。

以上网络类型的区别见表2-1。

表2-1 不同网络类型的区别

网 络 类 型	拓 扑 结 构	子 网	邻 接 关 系
NBMA	全网状	接口在同一个子网中	手动建立邻居关系选举DR/BDR
广播	全网状	接口在同一个子网中	自动建立邻居关系选举DR/BDR
点对多点	星形/部分网状	接口在同一个子网中	自动建立邻居关系不选举DR/BDR
点对点	点对点链路/子接口	每对点对点是一个独立子网	自动建立邻居关系不选举DR/BDR

5．OSPF基本配置

OSPF基本配置的步骤如下。

1）启动OSPF。

2）配置OSPF网络类型。

3）配置点对多点。

4）配置广播型。

5）配置非广播型。

2.3 本章小结

➢ OSPF的特点及分层结构。

➢ OSPF的五类协议报文和四类网络类型。

➢ OSPF的邻居建立的过程。

➢ OSPF的LSDB更新。

2.4 习题

1）OSPF是什么类型的路由协议？（   ）

    A．距离矢量　　　　B．路径矢量　　　　C．链路状态　　　　D．混合类型

2）在OSPF协议中，没有使用的表项是（   ）。

    A．邻居表　　　　B．拓扑表　　　　C．路由表　　　　D．会话表

3）承载OSPF报文的IP的协议号为（   ）。

    A．88　　　　B．89　　　　C．90　　　　D．91

4）在OSPF的邻居状态机中，哪些是稳定的状态？（   ）

    A．Down　　　　B．Two-way　　　　C．Exstart　　　　D．Full

5）在OSPF中，如果链路层协议是Ethernet，那么其对应的默认网络类型为（   ）。

    A．Broadcast　　　　B．NBMA　　　　C．P2P　　　　D．P2MP

第3章 OSPF高级配置

要深入掌握OSPF的原理，就必须对OSPF的LSA和各种特殊区域有一定的了解。本章主要介绍OSPF中各种LSA的类型及相应的特点，并且结合LSA的传播讲解OSPF各种特殊区域的特性，同时对于OSPF虚连接的应用也有详细的介绍，最后还阐述了在OSPF协议中该如何进行路由选择和路由控制，以及部分路由器的安全特性。

学习完本章，应该达到以下目标。
- ➢ 掌握OSPF的LSA类型和特点。
- ➢ 掌握OSPF的报文结构。
- ➢ 掌握OSPF特殊区域的特性和应用。
- ➢ 掌握OSPF的虚连接的应用。
- ➢ 掌握如何控制OSPF的路由选路。
- ➢ 掌握OSPF安全特性的配置和应用。

3.1 OSPF路由器和LSA

1. OSPF路由器的类型

扫码看视频

路由器根据它所在区域内的任务，可以分为区域内部路由器和区域边界路由器，而根据区域的不同也可分为以下几种，如图3-1所示。

1）内部路由器：路由器的所有接口在同一个区域内。

2）骨干路由器：路由器的接口都在骨干区域。

3）区域边界路由器（Area Border Router，ABR）：路由器至少有一个接口在区域0并且至少有一个接口在其他区域。

4）自治系统边界路由器（AS Border Router，ASBR）：路由器连接一个运行OSPF的AS，同时也连接另一个运行其他协议（如RIP或IGRP）的AS。

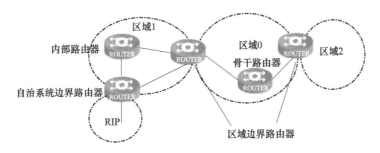

图3-1　OSPF路由器的类型

2．OSPF LSA类型

OSPF中对链路状态信息的描述都是封装在LSA中发布出去的。该协议定义了不同类型的LSA，OSPF就是通过这些不同类型的LSA来完成LSDB的同步。常用的LSA有以下几种类型。

1）Router LSA（Type1）：由每台路由器产生，描述了区域内部与路由器直连的每条链路状态和出站开销，在其本地区域内传播。在路由器中可以使用show ip ospf database router命令查看这类LSA。

2）Network LSA（Type2）：由DR产生，描述的是连接一个特定的广播网络或者NBMA网络中所有路由器的链路状态，在其始发的区域内传播。在路由器中可以使用show ip ospf database network命令查看这类LSA。

3）Network Summary LSA（Type3）：由区域边界路由器（Area Border Router，ABR）产生，这类LSA将所连接的区域内部的链路信息以子网的形式传播到相邻区域，实际上是将区域内部1类LSA和2类LSA的信息收集起来以子网的形式进行传播。在路由器中可以使用show ip ospf database summary命令查看这类LSA。

4）ASBR Summary LSA（Type4）：由ABR产生，描述到自治系统边界路由器（Autonomous System Boundary Router，ASBR）的路由的Router ID通告给相关区域。它不会自动产生，触发条件为ABR收到一个第五类LSA，意义在于让区域内部路由器知道如何到达ASBR。在路由器中可以使用show ip ospf database asbr-summary命令查看这类LSA。

5）AS External LSA（Type5）：由ASBR产生，描述到自治系统（Autonomous System，AS）外部的路由，通告所有的区域（除了Stub区域和NSSA区域）。在路由器中可以使用show ip ospf database external命令查看这类LSA。

6）NSSA External LSA（Type7）：由NSSA（Not-So-Stubby Area）区域内的ASBR产生，描述到AS外部的路由，仅在NSSA区域内传播。在路由器中可以使用show ip ospf database nssa-external命令查看这类LSA。

7）Opaque LSA：一个被提议的LSA类别，由标准的LSA头部后面跟随特殊应用的信息组成，可以直接由OSPF使用，或者由其他应用分发信息到整个OSPF域间接使用。Opaque LSA分为Type 9、Type10、Type11三种类型，泛洪区域不同。其中，Type 9的Opaque LSA仅在本地链路范围内进行泛洪，Type 10的Opaque LSA仅在本地区域范围内进行泛洪，Type 11的LSA可以在一个自治系统范围内进行泛洪。

3．OSPF报文格式

OSPF报文被封装在IP之上，并将IP报文中的TTL值设为1，如图3-2所示。如果在IP数据包的协议号字段值为89，则意味这个IP数据包承载部分携带的是OSPF数据包。

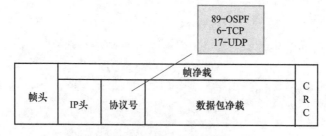

图3-2　OSPF报文封装

所有的OSPF报文都具有相同的报文头格式，如图3-3所示。

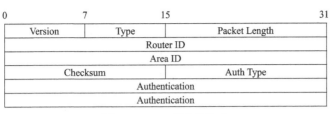

图3-3　OSPF报文头格式

主要字段的解释如下。

1）Version：OSPF的版本号。对于OSPFv2来说，其值为2。

2）Type：OSPF报文的类型。数值从1到5，分别对应Hello报文、DD报文、LSR报文、LSU报文和LSAck报文。

3）Packet Length：OSPF报文的总长度，包括报头在内，单位为字节。

4）Router ID：始发该LSA的路由器ID。

5）Area ID：始发LSA的路由器所在的区域ID。

6）Checksum：对整个报文的校验和。

7）Auth Type：验证类型。可分为不验证、简单（明文）密码验证和MD5验证，其值分别为0、1、2。

8）Authentication：其数值根据验证类型而定。当验证类型为0时未作定义，类型为1时此字段为密码信息，类型为2时此字段包括Key ID、MD5验证数据长度和序列号的信息。

说明

MD5验证数据添加在OSPF报文后面，不包含在Authentication字段中。

以一个LSA为例，典型的OSPF数据包结构如图3-4所示。

IP头	OSPF包头	LSA数量	LSA头	LSA数据

图3-4　典型的OSPF数据包结构

OSPF的多种协议报文的具体格式，下面进行详细讨论。

（1）Hello报文（见图3-5）

作用：发现及维持邻居关系。

```
0            7          15                    31
┌──────────┬──────────┬─────────────────────────┐
│ Version  │    1     │     Packet Length        │
├──────────┴──────────┴─────────────────────────┤
│                 Router ID                       │
├────────────────────────────────────────────────┤
│                  Area ID                        │
├──────────────────────┬─────────────────────────┤
│      Checksum        │       Auth Type          │
├──────────────────────┴─────────────────────────┤
│                Authentication                   │
├────────────────────────────────────────────────┤
│                Authentication                   │
├────────────────────────────────────────────────┤
│                Network Mask                     │
├──────────────────────┬───────────┬─────────────┤
│   Hello Interval     │  Options  │   Rtr Pri    │
├──────────────────────┴───────────┴─────────────┤
│             Router Dead Interval                │
├────────────────────────────────────────────────┤
│             Designated Router                   │
├────────────────────────────────────────────────┤
│          Backup Designated Router               │
├────────────────────────────────────────────────┤
│                 Neighbor                        │
│                  ……                             │
└────────────────────────────────────────────────┘
```

图3-5　OSPF Hello报文格式

主要字段的解释如下。

1）Network Mask：发送Hello报文的接口所在网络的掩码，如果相邻两台路由器的网络掩码不同，则不能建立邻居关系。

2）Hello Interval：发送Hello报文的时间间隔。如果相邻两台路由器的Hello间隔时间不同，则不能建立邻居关系。

3）Rtr Pri：路由器优先级。如果设置为0，则该路由器接口不能成为DR/BDR。

4）Router Dead Interval：失效时间。如果在此时间内未收到邻居发来的Hello报文，则认为邻居失效。如果相邻两台路由器的失效时间不同，则不能建立邻居关系。

5）Designated Router：指定路由器接口的IP地址。

6）Backup Designated Router：备份指定路由器接口的IP地址。

7）Neighbor：邻居路由器的Router ID。

（2）DD报文（见图3-6）

作用：描述本地LSDB的摘要。

两台路由器进行数据库同步时，首先用DD报文来描述自己的LSDB，内容包括LSDB中每一条LSA的Header（LSA的Header可以唯一标识一条LSA）。LSA Header只占一条LSA的整个数据量的一小部分，这样可以减少路由器之间的协议报文流量，对端路由器根据LSA Header就可以判断出是否已有这条LSA。

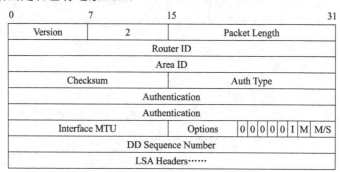

图3-6　OSPF DD报文格式

主要字段的解释如下。

1）Interface MTU：在不分片的情况下，此接口最大可发出的IP报文长度。

2）I（Initial）：当发送连续多个DD报文时，如果这是第一个DD报文，则置为1，否则置为0。

3）M（More）：当连续发送多个DD报文时，如果这是最后一个DD报文，则置为0。否则置为1，表示后面还有其他DD报文。

4）M/S（Master/Slave）：当两台OSPF路由器交换DD报文时，首先需要确定双方的主（Master）从（Slave）关系，Router ID大的一方会成为Master。当值为1时表示发送方为Master。

5）DD Sequence Number：DD报文序列号，由Master方规定起始序列号，每发送一个DD报文则序列号加1，Slave方使用Master的序列号作为确认。主从双方利用序列号来保证DD报文传输的可靠性和完整性。

（3）LSR报文（见图3-7）

作用：向对端请求本端没有的LSA。

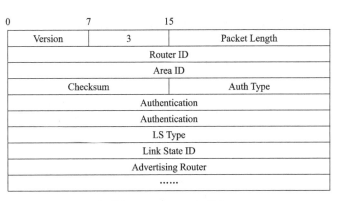

图3-7　OSPF LSR报文

主要字段的解释如下。

1）LS Type：LSA的类型号。例如，Type1表示Router LSA。

2）Link State ID：链路状态标识，根据LSA的类型而定。

3）Advertising Router：产生此LSA的路由器的Router ID。

（4）LSU报文（见图3-8）

作用：向对端更新LSA。

LSU报文用来向对端路由器发送所需要的LSA，内容是多条LSA（完整内容）的集合。

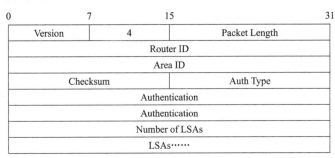

图3-8　OSPF LSU报文

主要字段的解释如下。

1）Number of LSAs：该报文所包含LSA的数量。

2）LSAs：该报文包含的所有LSA。

（5）LSAck报文（见图3-9）

作用：收到对端发送的LSU之后，进行确认。

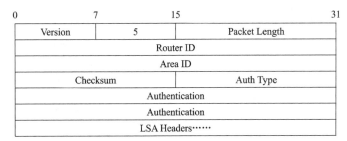

图3-9　OSPF LSAck报文

LSA Headers：该报文包含的LSA头部，与DD报文的相关内容相仿。

（6）LSA报文头（见图3-10）

每一个LSU报文中都含有若干LSA报文头。

0		15	23	31
LS Age		Options	LS Type	
Link State ID				
Advertising Router				
LS Sequence Number				
LS Checksum		Length		

图3-10　LSA报文头

主要字段的解释如下。

1）LS Age：LSA产生后所经过的时间，以秒（s）为单位。LSA在本路由器的链路状态数据库（LSDB）中会随时间老化（每秒加1），但在网络的传输过程中却不会。

2）LS Type：LSA的类型。

3）Link State ID：具体数值根据LSA的类型而定。

4）Advertising Router：始发LSA的路由器的ID。

5）LS Sequence Number：LSA的序列号，其他路由器根据这个值可以判断哪个LSA是最新的。

6）LS Checksum：除了LS Age字段外，关于LSA的全部信息的校验和。

7）Length：LSA的总长度，包括LSA Header，以字节为单位。

4. OSPF LSA报文格式

前面简单了解了LSA有几种类型，如图3-11所示。每种LSA的作用和特性是不一样的。下面详细介绍。

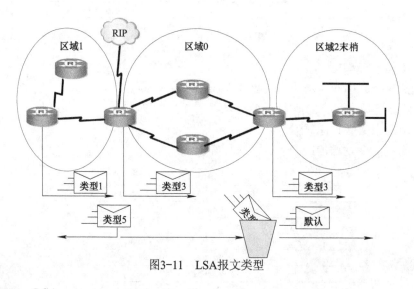

图3-11　LSA报文类型

（1）Router LSA

第一类LSA，即Router LSA，描述了区域内部与路由器直连的链路信息。每一台路由器都会产生这种类型的LSA。它的内容中包括了这台路由器所有的直连链路类型和链路开销等信息，并且向它的邻居传播。

这台路由器的所有链路信息都被放在一个Router LSA内，并且只在此台路由器始发的区域内传播。Router LSA封装格式如图3-12所示。

图3-12 Router LSA封装格式

主要字段的解释如下。

1) Link State ID：产生此LSA的路由器的Router ID。

2) V（Virtual Link）：如果产生此LSA的路由器是虚连接的端点，则置为1。

3) E（External）：如果产生此LSA的路由器是ASBR，则置为1。

4) B（Border）：如果产生此LSA的路由器是ABR，则置为1。

5) # Links：LSA中所描述的链路信息的数量，包括路由器上处于某区域中的所有链路和接口数量。

6) Link ID：链路标识，具体的数值根据链路类型而定。其对应关系见表3-1。

表3-1 链路的具体对应关系（一）

链 路 类 型	链路ID字段值
1（点对点连接另一台路由器）	邻居路由器的路由器ID
2（连接一个传送网络）	DR路由器的接口IP地址
3（连接一个末梢网络）	IP网络或子网地址
4（虚链路）	邻居路由器的路由器ID

7) Link Data：链路数据，具体的数值根据链路类型而定，见表3-2。

表3-2 链路的具体对应关系（二）

链 路 类 型	链路ID字段值
1（点对点连接另一台路由器）	和网络相连的始发路由器接口的IP地址
2（连接一个传送网络）	和网络相连的始发路由器接口的IP地址
3（连接一个末梢网络）	网络的IP地址或子网掩码
4（虚链路）	始发路由器接口的MIBII ifIndex值

说明

有两种类型的点对点链路：有编号的（Numbered）和无编号的（Unnumbered）。如果是有编号的点对点链路，则链路数据字段含有与邻居相连的接口地址。如果是无编号链路，则链路数据字段含有MIBII ifIndex值，它是一个与每个接口相关的唯一的值，它的值通常从0开始。

8）Type：链路类型，取值为1表示通过点对点链路与另一路由器相连，取值为2表示连接到传送网络，取值为3表示连接到Stub网络，取值为4表示虚连接。

9）#TOS：TOS号，为列出的链路指定服务类型度量的编号。虽然在RFC2328中已经不再支持TOS，但是为了向前兼容早期的OSPF，仍旧保留这个字段。如果没有TOS度量和一条链路相关联，那么该字段设置为0x00。

10）Metric：链路的开销（代价）。

11）TOS：服务类型。与IP头的TOS字段相对应，具体见表3-3。

表3-3　TOS字段

RFC TOS的值	IP头部TOS字段	OSPF的TOS编码
正常服务	0000	0
最小的成本代价	001	2
最大的可靠性	0010	4
最大的吞吐量	0100	8
最小的时延	1000	16

12）TOS Metric：指定服务类型的链路开销（代价）。

（2）Network LSA

第二类LSA，即Network LSA，由DR产生。它描述的是连接到一个特定的广播网络或者NBMA网络中所有路由器的链路状态。同时，它也描述了DR在该网络上连接的所有路由器以及网段掩码信息，记录了这一网段上所有路由器的Router ID，甚至包括DR自己的Router ID。Network LSA也只在区域内传播。

由于Network LSA是由DR产生的描述网络信息的LSA，因此对于P2P和P2MP网络类型的链路而言，不产生Network LSA。Network LSA封装格式如图3-13所示。

0	15	23	31
LS Age		Options	2
Link State ID			
Advertising Router			
LS Sequence Number			
LS Checksum		Length	
Network Mask			
Attached Router			
……			

图3-13　Network LSA封装格式

主要字段的解释如下。

1）Link State ID：DR的IP地址。

2）Network Mask：广播网或NBMA网络地址的掩码。

3）Attached Router：连接在同一个网段上的所有与DR形成了邻接关系的路由器的Router ID，也包括DR自身的Router ID。

（3）Summary LSA

第三类LSA，即Summary LSA，由ABR生成。Summary LSA将所连接区域内部的链路信息以子网的形式传递到相邻区域，实际上就是将区域内部的第一类和第二类的LSA信息收集起来以路由子网的形式进行传播。

ABR收到来自同区域其他ABR传来的Summary LSA后，重新生成Summary LSA（Advertising Router改为自己），并继续在整个OSPF系统内传播。在一般情况下，第三类LSA的传播范围是除了生成这条LSA的区域外的其他区域。例如，一台ABR路由器连接着Area 0和Area1，在Area1里面有一个网段192.168.1.0/24，则ABR生成的描述192.168.1.0/24这个网段的第三类LSA只会在Area0里面传播。

在第三类LSA中，由于直接传递的是路由条目，而不是链路状态的描述，所以路由器在处理第三类LSA的时候，并不运用SPF算法进行计算，而是直接作为路由条目加入路由表中，沿途的路由器也只是修改链路开销，这就导致了在某些设计不合理的情况下，同样可能导致路由环路。这也正是OSPF要求非骨干区域必须通过骨干区域才能转发的原因。在某些情况下，Summary LSA也可以用来生成默认路由，或者用来过滤明细路由。Summary LSA封装格式如图3-14所示。

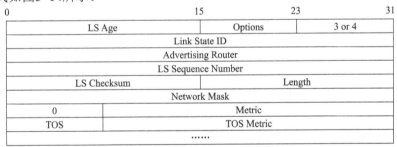

图3-14　Summary LSA封装格式

主要字段的解释如下。

1）Link State ID：对于第三类LSA来说，它是所通告区域外的网络地址；对于第四类LSA来说，它是所通告区域外的ASBR的Router ID。

2）Network Mask：对于第三类LSA来说，它是网络地址掩码；对于第四类LSA来说没有意义，设置为0.0.0.0。

3）Metric：到目的地址的路由开销。

说明

第三类LSA可以用来通告默认路由，此时Link State ID和Network Mask都设置为0.0.0.0。

（4）ASBR Summary LSA

第四类LSA，即ASBR Summary LSA，由ABR生成。第四类LSA格式与第三类LSA相同，描述的目标网络是一个ASBR的Router ID。它不会主动产生，触发条件为ABR收到一个第五类LSA，意义在于让区域内部路由器知道如何到达ASBR。

第三类LSA和第四类LSA在结构上非常类似。第三类LSA描述的是区域外的网络地址和网络掩码，而第四类LSA在相应的字段填充的是ASBR的Router ID，网络掩码字段全部设置为0。

（5）AS External LSA

第五类LSA，即AS External LSA，由ASBR产生，用于描述AS外部的路由信息。它一旦生成，将在整个OSPF系统内扩散，除非个别特殊区域做了相关配置。AS外部的路由信息来源一般是通过路由引入的方式，将外部路由在OSPF区域内部发布。AS External LSA封装格式如图3-15所示。

0		15	23	31
LS Age		Options		5
Link State ID				
Advertising Router				
LS Sequence Number				
LS Checksum		Length		
Network Mask				
E	0	Metric		
Forwarding Address				
External Route tag				
E	TOS	TOS Metric		
Forwarding Address				
External Route tag				
......				

图3-15　AS External LSA报文格式

主要字段的解释如下。

1）Link State ID：所要通告的其他外部AS的目的地址，如果通告的是一条默认路由，那么链路状态ID（Link State ID）和网络掩码（Network Mask）字段都将设置为0.0.0.0。

2）Network Mask：所通告的目的地址的掩码。

3）E（External Metric）：外部度量值的类型。如果是第二类外部路由则设置为1，如果是第一类外部路由则设置为0。关于外部路由类型的详细描述请参见路由类型部分。

 说明

对于第一类外部路由，其成本为外部成本加上分组经过的每一条链路的内部成本，会进行累加，以方便路由选择，优于第二类外部路由；对于第二类外部路由，成本总是只包

含其外部成本，Metric值恒为20，默认为第二类外部路由。当第一类外部路由与第二类外部路由产生冲撞时，第一类外部路由会优于第二类外部路由，网络将选择第一类外部路由。

4）Metric：路由开销。

5）Forwarding Address：所通告目的地址的报文将被转发到的地址（相当于下一跳）。

6）External Route Tag：添加到外部路由上的标记。OSPF自身并不使用这个字段，它可以用来对外部路由进行管理。

7）后面的TOS字段也可以和某个目的地相关联，这些字段和前面讲述的是相同的，只是每一个TOS度量也都有自己的E位、转发地址和外部路由标志。

（6）NSSA External LSA（非完全末梢区域外部LSA）

说明

关于NSSA区域，将在后面的内容中详细介绍，必要时可翻阅后面的内容理解。

NSSA External LSA由NSSA区域内的ASBR产生，且只能在NSSA区域内传播。其格式与AS External LSA相同，如图3-16所示。

0	15	23	31
LS Age	Options	7	
Link State ID			
Advertising Router			
LS Sequence Number			
LS Checksum	Length		
Network Mask			
E	0	Metric	
Forwarding Address			
External Route Tag			
......			

图3-16　非完全末梢区域外部LSA

关于其转发地址，如果通告的网络在一台NSSA ASBR路由器和邻接的自治系统之间是作为一条内部路由通告的，那么这个转发地址就是这个网络的下一跳地址；如果网络不是作为一条内部路由通告的，那么这个地址将是NSSA ASBR路由器的ID。

3.2　OSPF链路状态数据库和路由表

1. OSPF链路状态数据库

通过show ip ospf database命令可以查看OSPF链路状态数据库，具体代码如下，解释说明见表3-4。

```
Router#show ip ospf database
OSPF process:1
(Router ID 192.168.99.81)
AREA:0
```

RouterLink States
Link ID ADV Router Age seq# Checksum Linkcount
192.168.20.77 192.168.20.77 77 0X8000008a 0X90ed
192.168.99.81 192.168.99.81 66 0X80000003 0Xd978
NetLink States
Link ID ADV Router Age Seq# Checksum
192.168.20.77 192.168.20.77 80 0X80000001 0x9625
SummaryNet Link States
LinkID ADVRouter Age Seq# Checksum
192.168.99.0 192.168.99.81 87 0X80000003 0Xd78C
AREA:1
Router LinkStates
LinkID ADVRouter Age seq# Checksum Linkcount
192.168.99.81 192.168.99.81 70 0X80000002 0X08171
SummaryNet LinkStstes
LinkID ADVRouter Age Seq# Checksum
192.168.20.0 92.168.99.81 66 0x80000006 0xd1CI

表3-4　查看OSPF链路状态数据库的操作说明

域	描　述
AREA1	所在区域
Router Link States/Net Link States/Summary Net Link States	LSA类型
Link ID	LSA ID
ADV Router	发布路由器
Age	发布Age
Seq #	生成序列号
Checksum	校验和

2. OSPF路由表和路由类型

OSPF将路由分为四类，按照优先级从高到低的顺序依次如下。

1）区域内路由（Intra Area-I O）。

2）区域间路由（Inter Area-IA O）。

3）第一类外部路由（Type1 External-OE1）。

4）第二类外部路由（Type2 External-OE2）。

区域内路由和区域间路由描述的是AS内部的网络结构，外部路由则描述了应该如何选择到AS以外目的地址的路由。OSPF将引入的AS外部路由分为Type1和Type2两类。

第一类外部路由是指接收的是内部网关协议（Interior Gateway Protocol，IGP）路由（如静态路由和RIP路由）。由于这类路由的可信程度较高，并且和OSPF自身路由的开销具有可比性，所以到第一类外部路由的开销等于本路由器到相应的ASBR的开销与ASBR到该路由目的地址的开销之和。

第二类外部路由是指接收的是外部网关协议（Exterior Gateway Protocol，EGP）路由。

由于这类路由的可信度比较低,所以OSPF认为从ASBR到自治系统之外的开销远远大于在自治系统之内到达ASBR的开销。所以计算路由开销时将主要考虑前者,即到第二类外部路由的开销等于ASBR到该路由目的地址的开销。如果计算出开销值相等的两条路由,那么再考虑本路由器到相应的ASBR的开销。

3.3 OSPF路由汇总

路由汇总通常是将多条连续子路由汇总成一条汇总路由通告,可以起到减小路由表条目数量和加快路由器查询路由表时间的作用。

OSPF采用分区域设计,往往存在多个区域,如果不进行路由汇总,那么每条链路的LSA都将传播到主干区域,这将导致不必要的网络开销且当主干区域OSPF路由器收到LSA后都会启动SPF算法重新计算最佳路径,这也将加大OSPF路由器CPU的负担。

OSPF汇总主要有两种方式,区域间路由汇总和外部路由汇总。

1.OSPF区域间路由汇总

区域间路由汇总是在ABR上进行的,将某一个区域内多条路由汇总成为一条汇总路由再通过LSA传播至骨干区域;在配置区域间路由汇总的时候应该注意区域内的网络应该是连续的,这样才能避免不连续子网汇总产生的问题,如图3-17所示。

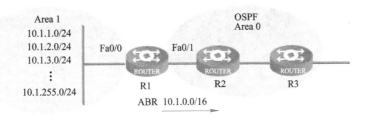

图3-17 OSPF区域间路由汇总

2.OSPF外部路由汇总

外部路由汇总是在ASBR上进行的,针对那些通过重发布被导入OSPF的外部路由,与区域间路由汇总一样也应该注意外部路由的连续性,如图3-18所示。

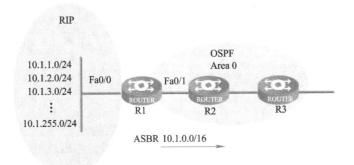

图3-18 OSPF外部路由汇总

3．OSPF路由汇总配置

OSPF路由汇总配置的操作如下。

1）OSPF区域间路由汇总。

2）OSPF外部路由汇总。

3.4　OSPF中传播默认路由

1．OSPF传播默认路由

如果网络是叶结点，那么通常位于企业边界的路由器会配置一条默认路由指向ISP。在默认情况下，OSPF路由器不会产生默认路由，如果需要让OSPF生成默认路由，则需要使用命令default-information originate。图3-19说明了默认路由是如何通过OSPF在区域内传播的。

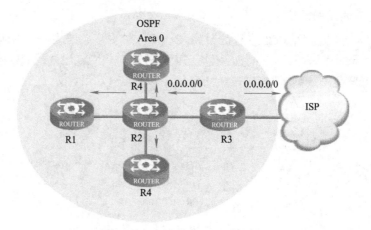

图3-19　OSPF中传播默认路由

2．OSPF传播默认路由配置

生成进入OSPF路由域的默认路由，执行以下命令。

```
default-information originate[always][route-map map-name]
no default-information originate[always][route-map map-name]
```

3.5　OSPF区域类型

1．标准区域

标准区域是默认区域，主要为连接用户的OSPF区域。在默认情况下不允许一个区域通过标准区域到另一个区域，所有标准区域之间的数据流都必须经过主干区域，如图3-20所示。

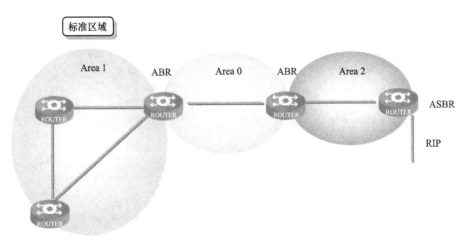

图3-20　标准区域

2. 主干区域

主干区域作用是连接其他OSPF区域，为了各个OSPF区域之间的连通性，主干区域没有终端用户。OSPF区域0是主干区域，其他区域需要与区域0相连，如图3-21所示。

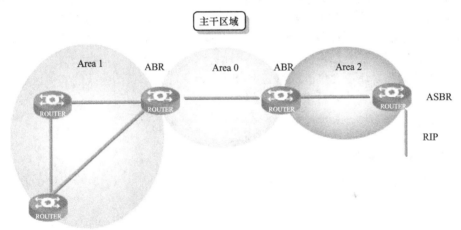

图3-21　主干区域

3. 末梢（Stub）区域

末梢区域是一些特定的区域，Stub区域的ABR不允许传递第五类LSA（AS External LSA，即来自本AS外部的路由信息），在这些区域中路由器的路由表规模以及路由信息传递的数量都会大大减少。没有第五类LSA，第四类LSA也没有必要存在，所以同时不允许注入。

在配置某区域成为Stub区域后，为了保证自制系统外部的路由依旧可达，ABR会产生一条0.0.0.0/0的第三类LSA，将其发布给区域内的其他路由器，从而通知它们如果要访问外部网络，可以通过ABR。因此，区域内的其他路由器不用记录外部路由，从而大大降低了对于路由器性能的要求。

需要注意的是，如果使用Stub区域，那么区域内的所有路由器都必须同时配置为Stub区域。因为在路由器交互Hello报文时，会检查Stub属性是否配置，如果有部分路由器没有配置Stub，将无法和其他路由器建立邻居。Stub区域如图3-22所示。

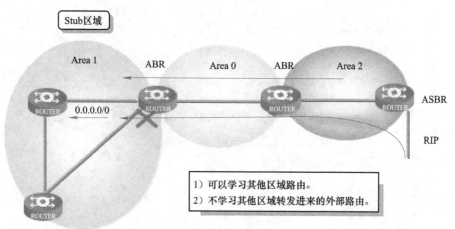

图3-22　Stub区域

4．完全末梢（Totally Stub）区域

为了进一步减少Stub区域中路由器的路由表规模以及路由信息传递的数量，可以将该区域配置为Totally Stub区域，该区域的ABR不会将区域间的路由信息（第三和第四类LSA）和外部路由信息（第五类LSA）传递到本区域。

Totally Stub区域是一种可选的配置属性，但并不是每个区域都符合配置的条件。通常来说，Totally Stub区域位于自治系统的边界，并且没有其他自治系统通过这个边界区域接入本AS。

Totally Stub区域不仅类似于Stub区域，不允许注入第四类和第五类LSA，为了进一步降低链路状态库的大小，还不允许注入第三类LSA。为保证到本自治系统的其他区域或者自治系统外的路由依旧可达，末梢区域的ABR将生成一条0.0.0.0/0的第三类LSA，并发布给本区域中的其他非ABR路由器。Totally Stub区域如图3-23所示。

配置Totally Stub区域时需要注意以下几点。

1）骨干区域不能配置成Totally Stub区域。

2）如果要将一个区域配置成Totally Stub区域，则该区域中的所有路由器必须都要配置stub [no-summary]命令。

3）Totally Stub区域内不能存在ASBR，即自治系统外部的路由不能在本区域内传播。

4）虚连接不能穿过Totally Stub区域。

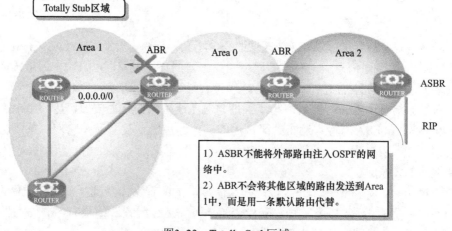

图3-23　Totally Stub区域

5．非完全末梢（NSSA）区域

NSSA（Not-So-Stubby Area）区域产生的背景如下。

1）该区域存在一个ASBR，其产生的外部路由需要在整个OSPF域内扩散。

2）该区域不希望接收其他ASBR产生的外部路由。

要满足第一个条件，使用标准区域即可，但此时第二个条件不满足；要满足第二个条件，区域必须为Stub，但此时第一个条件又不满足。为了同时满足这两个条件，OSPF设计了NSSA区域。

NSSA区域是Stub区域的变形，与Stub区域有许多相似的地方。NSSA区域也不允许第五类LSA注入，但可以允许第七类LSA注入。第七类LSA由NSSA区域的ASBR产生，在NSSA区域内传播。当第七类LSA到达NSSA的ABR时，由ABR将第七类LSA转换成第五类LSA，传播到其他区域。

如图3-24所示，运行OSPF的自治系统包括3个区域：区域1、区域2和区域0，另外两个自治系统运行RIP。区域1被定义为NSSA区域，区域1接收的RIP路由传播到NSSA ASBR后，由NSSA ASBR产生第七类LSA在区域1内传播，当第七类LSA到达NSSA ABR后，转换成第五类LSA传播到区域0和区域2。

此外，运行RIP的自治系统的RIP路由通过区域2的ASBR产生第五类LSA在OSPF自治系统中传播。但由于区域1是NSSA区域，所以第五类LSA不会到达区域1。

与Stub区域一样，虚连接也不能穿过NSSA区域。

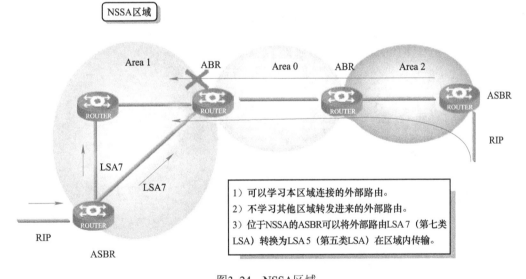

图3-24　NSSA区域

3.6　OSPF虚链路

区域划分时存在的问题和解决方法如下。

在OSPF网络中，通过划分区域能够减少区域中LSA的数量，降低拓扑变化导致的路由震荡。在区域划分时，为了保证路由学习正常，需要注意遵守以下两个规则。

1）骨干区域必须连续。

2）所有非骨干区域都必须和骨干区域相连接。

如果骨干区域不是连续的，则会导致骨干区域路由无法正常学习。这是因为OSPF为了防止路由环路，规定ABR从骨干区域学习到的路由不能再向骨干区域传播。因此，如果出现骨干区域被分割，或者非骨干区域无法和骨干区域保持连通时，可以通过配置OSPF虚链路予以解决。

虚链路是指在两台OSPF ABR之间，穿越一个非骨干区域（转换区域——Transit Area）建立的一条逻辑链接，可以理解为两台ABR之间存在一个点对点的连接。虚链路和普通链路一样，OSPF每隔10s发动一个Hello数据包；但LSA的运行方式是不同的，标准区域中LSA每隔30min刷新一次，但通过虚链路学习到LSA将不会过期，这是为了避免LSA在虚链路上过度扩散。

如图3-25所示，通常情况下所有标准区域都需要与Area 0相连，由骨干区域为不同标准区域之间提供连通性，不允许跨标准区域传输数据。在本例中，Area 2与Area 0之间隔了Area 1，如果要将Area 2连接到Area 0就需要配置OSPF虚链路。

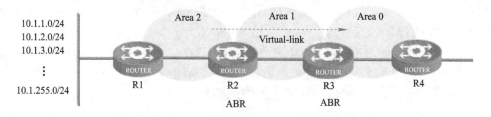

图3-25　OSPF虚链路

虚链路的作用如下。

1）解决骨干区域与非骨干区域不直接相连的问题。

2）进行骨干区域合并。

虚链路的特点如下。

1）虚链路穿越的区域为传输区域。

2）传输区域必须是标准区域。

3）虚链路只能穿越一个区域。

4）虚链路配置在两台ABR之间。

3.7　OSPF身份认证

与RIPv2相同，出于安全考虑，OSPF支持两种认证方式，即明文和MD5认证。在启用OSPF认证后，Hello数据包中将携带密码，双方Hello数据包中的密码必须相同，才能建立OSPF邻居关系，建立邻居关系后才能交换LSA，构建SPF树以形成路由表。

当OSPF邻居的一方在接口上启用认证后，从该接口发出的Hello数据包中就会带有密码，双方的Hello数据包中拥有相同的密码时，邻居方可建立；一台OSPF路由器可能有多个OSPF接口，也可能多个接口在多个OSPF区域，只要在接口上输入OSPF认证的命令，便表示开启了OSPF认证，可以在每个接口上一个一个启用，也可以一次性开启多个接口的认证。如果需要开启多个接口的认证功能，那么认证的命令就不是直接在接口上输入，而是到OSPF进程模式下输入，并且是对某个区域全局开启的，当在进程下对某个区域开启OSPF认证后，就表示在属于该区域的所有接口上开启了认证。所以，在进程下对区域配置认证，是快速配置多个接口认证的方法，与在多个接口上一个一个开启，没有本质区别。因为OSPF虚链路被认为是骨干区域的一个接口、一条链路，所以在OSPF进程下对骨干区域开启认证后，不仅表示开启了区域0下所有接口的认证，同时也开启了OSPF虚链路的认证，但OSPF虚链路在建立后，并没有Hello数据包的传递，所以认证在没有重置OSPF进程的情况下，是不会生效的。

3.8　OSPF 基本配置

扫码看视频

1.　单区域的OSPF配置

（1）启动OSPF进程

虽然可以启动多个进程，但不推荐这么做。在宣告哪些网段是OSPF网络时，注意掩码并标明区域号，在单区域配置中，所在区域一律为主干区域0。

> Router_config#router ospf 本地OSPF进程号
> Router_config_ospf_1#network 网络地址子网掩码　area区域号

（2）配置路由器ID（可选）

由于接口地址要根据实际情况配置，有时为了让路由器有一个相对稳定的路由器ID，通常配置环回接口地址成为路由器ID。

> Router_config#interface loopback 0
> Router_config_10#ip address **192.168.100.1** 255.255.255.0 //黑体即表示路由器的ID值

（3）配置OSPF接口参数（可选）

在OSPF实现中，允许按照需要修改接口有关的OSPF参数。并不需要改变任何一个参数，但必须保证某些参数在相连网络的所有路由器上保持一致。在接口配置模式中，可以使用表3-5中的命令配置接口参数。

表3-5　配置接口参数

命　　令	描　　述
ip ospf cost	配置OSPF接口发送包的权值
ip ospf retransmit-interval seconds	属于同一个OSPF接口的邻居之间重传LSA的秒数
ip ospf retransmit-delay seconds	配置在一个OSPF接口传输LSA的估计时间（以秒为单位）
ip ospf priority number	配置路由器成为OSPF DR路由器的优先值
ip ospf hello-interval seconds	配置在OSPF接口发送Hello数据包的时间间隔
ip ospf dead-interval seconds	在这个规定的时间间隔内，未收到邻居的Hello数据包，则认为邻居路由器已关机
ip ospf password key	一个网段内的邻接路由的认证密码。它使用OSPF的简单的密码认证
ip ospf message-digest-key keyid md5	要求OSPF使用MD5认证
ip ospf passive	在端口上不发送Hello报文

（4）配置OSPF网络类型（可选）

不同的物理网络上的OSPF配置，OSPF把网络的物理媒体分成以下三类。

1）广播网络（Ethernet、Token Ring、FDDI）。

2）非广播多路访问网络（SMDS、Frame Relay、X.25）。

3）点对点网络（HDLC、PPP）。

在接口模式下，使用如下命令配置OSPF的网络类型。

```
ip ospf network {broadcast|non-broadcast|{point-to-multipoint [non-broadcast]}}
```

如果是点对多点型，则需要在OSPF进程中使用如下命令指定其邻居。

```
neighbor ip-address cost number
```

由于在OSPF网络中有多个路由器，所以必须为网络选举一个DR。如果广播能力未被配置，则要求为选举过程进行参数配置。这些参数仅在有可能成为DR或BDR的路由器上进行配置。

在路由配置模式下，使用下面的命令配置互联非广播网络的路由器。

```
neighbor ip-address [priority number][poll-interval seconds]
```

（5）配置OSPF的管理距离（可选）

在路由协议配置模式下，使用下面的命令，配置OSPF的距离值。

```
distance ospf [intra-area dist1][intra-area dist2][external dist3]
```

（6）配置路由计算的计时器（可选）

配置OSPF收到拓扑变化消息与开始计算SPF之间的时延，或者配置连续两次计算SPF之间的间隔。在路由协议配置模式下，使用下面的命令进行配置。

```
timers delay delaytime
timers hold holdtime
```

2．Stub区域的OSPF配置

Stub区域不分发外部路由到该区域。取而代之的是在ABR生成一条默认外部路由进入Stub区域，使它能到达自治系统的外部网络。

为了利用OSPF Stub支持的特性，在Stub区域必须使用默认路由，为了进一步减少发送进入Stub区域的LSA数，可以在ABR禁止汇总（No Summary）来减少发送汇总LSA（类型3）进入Stub区域。

在路由协议配置模式下，使用表3-6的命令，配置Stub属性。

表3-6　配置Stub属性

命　　令	描　　述
area area-id stub [no-summary]	定义一个Stub区
area area-id default-cost cost	为Stub区域的默认路由设定权值

3．NSSA区域的OSPF配置

NSSA区域类似于Stub区域，但它能优先输入外部路由，通过分发的方式，NSSA允许输入外部路由，支持路由汇总和包过滤。如果ISP需要使用OSPF连接中心的网络到使用不同路由协议的远端网络，则使用NSSA可以简化管理。

在NSSA以前，企业中心边界路由器和远端路由器的连接不能运行在OSPF的Stub区域，因为远端网络的路由不能分发进Stub区域。而简单的路由协议如RIP可以发布，但这需要维护两种路由协议。使用了NSSA将中心路由器和远端路由器放在同一个NSSA区域，可以使OSPF延伸到远端网络。

使用NSSA区域的同时应该注意：一旦配置了NSSA，该区域的ABR路由器会生成默认路由进入NSSA。另外，在同一个区域内每台路由器都必须承认该区为NSSA区（都要做NSSA的配置），否则路由器间不能进行通信。在ABR上应该注意使用显示的发布，避免引起在该路由器传输包的混淆。

在路由协议配置模式下使用下面的命令设定OSPF的NSSA区域参数。

area area-id nssa [no-redistribution][no-summary][default-information-originate]

Show和Debug能显示网络的统计信息，如IP路由表的内容、缓冲和数据库等数据。这些信息能帮助判断网络资源的利用率，解决网络问题，能了解网络结点的可达性，发现网络数据包经过网络的路由。

使用表3-7中的命令，可以显示各种路由统计信息。

表3-7　各种路由统计信息

命　　令	描　　述
show ip ospf [process-id]	显示OSPF路由进程的一般信息
show ip ospf [process-id] database[router|network|summary|abr-summary|external|database-self-originate|adv-router[ip-address] summary] {link-state-id}	显示OSPF数据库的相关信息
show ip ospf border-routers	显示ABR与ASBR的内部路由表项
show ip ospf interface	显示有关OSPF接口的信息
show ip ospf neighbor	按照接口，显示OSPF的邻居信息
debug ip ospf adj	监视OSPF的邻接建立过程
debug ip ospf events	监视OSPF的接口和邻居事件
debug ip ospf flood	监视OSPF的数据库的扩散过程
debug ip ospf lsa-generation	监视OSPF的LSA生成过程
debug ip ospf packet	监视OSPF的报文
debug ip ospf retransmission	监视OSPF的报文重发过程
debug ip ospf spf{intra|inter|external}	监视OSPF的SPF计算路由
debug ip ospf tree	监视OSPF的SPF树的建立

4．OSPF虚链路配置

如图3-26所示，在Router-A和Router-B之间配置虚连接，将区域3逻辑地连接到区域0。

```
Router-A#conf
Router-A_conf#router ospf 100
Router-A_conf_ospf_100#area 1 vitual-link 192.168.2.1   //注意是对方路由器ID
Router-B_conf#router ospf 100
Router-B_conf_ospf_100#area 1 vitual-link 192.168.1.1   //注意是对方路由器ID
```

在具体命令中使用的是对方的路由器ID，不是对方的IP地址。

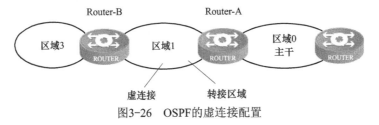

图3-26　OSPF的虚连接配置

3.9　本章小结

➢　OSPF的特点和分层结构。

➢　OSPF的五类协议报文和四类网络类型。

➢　OSPF的邻居建立过程和DR/BDR的选举。

➢　OSPF的LSDB更新。

3.10　习题

1）第三类LSA是由什么设备产生的？（　　　）

    A．DR　　　　　　　　　　　　　B．BDR

    C．ABR　　　　　　　　　　　　D．ASBR

2）在OSPF中，常见的特殊区域包括（　　　）。

    A．Stub区域　　　　　　　　　　B．Totally Stub 区域

    C．NSSA区域　　　　　　　　　D．主干区域

3）在OSPF中常见的安全特性有（　　　）。

    A．报文验证　　　　　　　　　　B．禁止端口发送OSPF报文

    C．过滤第三类LSA　　　　　　　D．过滤计算出的路由

4）在OSPF中，通过show ip ospf neighbor 命令，可以观察到（　　　）。

    A．本台路由器的Router ID

    B．邻居路由器的Router IID

    C．本台路由器用来参加DR选举的有优先级

    D．邻居失效时间

5）Stub区域不会出现以下哪类LSA？（　　　）

    A．第一类LSA

    B．第二类LSA

    C．第三类LSA

    D．第四类和第五类LSA

第4章 路由优化

路由优化技术是根据网络需求和设备性能，对现有的拓扑运用一些优化技术，使其更加合理高效地进行路由转发。本章主要介绍了路由重发布的基本原理，包括单点路由和多点路由的重发布过程，以及路由映射和策略路由的基本原理和应用。

学习完本章，应该达到以下目标。

➢ 理解路由重发布的原理。

➢ 掌握路由重发布的配置方法。

➢ 理解单点路由与多点路由重发布的过程。

➢ 理解策略路由和路由映射过程。

➢ 掌握策略路由的配置。

4.1 路由重发布

扫码看视频

1. 什么是路由重发布

前面的章节中深入介绍了两种路由协议，在后面的章节中还将学习其他类型的路由协议。不同路由协议具有各自的优点和缺点。在不同的网络中，管理员将会根据网络拓扑的特点选择使用不同的路由协议来配置路由器。

随着网络的不断扩张与合并，一些问题浮上了水面：不同的网络通过各种联系合并成一个更大的网络，这个更大的网络中运行着不同的路由协议，为了让路由信息顺利传播，能够被不同的路由协议所学习，每一种路由协议必须采用一种机制能够把自己学习到的路由信息分享给其他路由协议，这种分享的机制称为"路由重发布"。

当路由器使用路由协议通告从"其他方式"学习的路由信息时，路由器将执行路由重发布。这里所谓的"其他方式"，不仅是指其他的路由协议，还包括静态路由、默认路由以及直连网络。

如图4-1所示，网络中含有3个路由器，分别为R1路由器、R2路由器、R3路由器。R1路由器通过S0口与R2路由器相连，运行RIP；R1路由器通过S1口与R3路由器相连，运行OSPF。

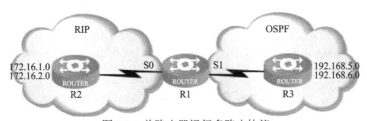

图4-1　单路由器运行多路由协议

通过RIP，R1路由器可以学习到R2路由器所连接的172.16.1.0和172.16.2.0两个网段；通过OSPF，R1路由器可以学习到R3路由器所连接的192.168.5.0和192.168.6.0两个网段。此时R1路由器称为边界路由器。在R1路由器的路由表中，这四个网段都存在。

但是由于两种路由协议之间并不能互相自动通告自己的路由信息，因此对于R2路由器来说，它不能学习到192.168.5.0和192.168.6.0网段，原因在于R1路由器从S1口学习到的网段来自OSPF，因此并不向运行RIP的S0口进行通告。

同样的道理，R3路由器也不能学习到172.16.1.0和172.16.2.0网段。

只有在R1路由器上配置了路由重发布，RIP才能学习到OSPF通告的路由信息，同理，OSPF也能学习到RIP通告的路由信息。

2. 路由重发布运用在什么地方

在整个IP网络中，为了配置简单和管理方便，用户当然不愿意使用多路由协议，这在无形中会增加难度，而更愿意采用单一的路由协议来配置网络。但是现代网络的发展迫使用户必须接受网络中存在的多个路由选择域。当出现多个路由选择域的时，为了使网络互联互通必须使用路由重发布。

例如，在Internet上，会使用BGP作为路由协议，早期的网络规定，任何组织连接到Internet上，必须在出口路由器上运行BGP接入Internet。但是在组织的内部，极少有人希望用BGP作为内部的路由协议。简单的内部网关协议如RIP或OSPF就已经能够很好地解决问题了，但是由于运行的协议不同，Internet上的路由器不能与内部的路由器进行通信，因此必须在出口路由器上配置路由重发布把IGP的信息发布到BGP中，此时的出口路由器就是边界路由器。

更多运用路由重发布的地方是在部门、分公司甚至公司合并时。如果原来各公司的网络系统使用不同的路由协议，那么网络也随着公司合并而进行合并。合并的网络需要互相连通，方法一就是重新规划网络，调整成单一的路由协议，这样的做法工作量巨大，并且新规划的网络还需要一定时间的试用才能稳定，网络管理员和用户都必须付出代价去适应新的网络环境。这种方法在大网络和小网络合并时可以采用，但是如果两个原有网络都比较巨大的情况下则不适用。方法二就是采用路由重发布，选定边界路由器，使原来不可通信的两个路由选择域重发布到对方的域中。

多厂商设备环境中也有可能经常用到路由再分布，如原有网络是一个运行Cisco EIGRP的网络，在扩充网络设备时，购买了神州数码的网络设备，神州数码的网络设备支持RIP和OSPF等公开的路由协议。如果不进行路由重发布，则必须把原有网络的路由配置全部取消，采用公开的协议重新配置。

简单地说，路由重发布就是把路由更新信息从一种协议发送到另一种协议，使路由表更加完整，以实现通信的目的。但是这仅是路由重发布的基本功能而已，路由重发布还可以对不同协议间的路由更新进行有选择的过滤，以优化网络的路由更新流量。

如图4-2所示，网络中具有两个不同进程的OSPF域，通过R1路由器和R2路由器相连，两个OSPF进程之间并没有直接通信，而是在两台路由器上配置静态路由。在路由器上进行路由重发布的配置，可使得R1路由器包含192.168.5.0和192.168.6.0网段的路由，R1路由器把这些静态路由重发布到OSPF中，OSPF又向OSPF 10内的其他路由器通告这两条路由。因此OSPF 10内所有路由器都可以学习到192.168.5.0和192.168.6.0的路由更新，但是并不清楚OSPF 20内的其他网段，这样就可以做到路由过滤的功能，可以让OSPF 20对其他进程隐藏内部的部分网段，达到优化和安全的目的。

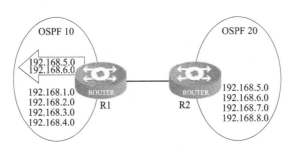

图4-2　OSPF不同进程间的路由重发布

在没有使用路由重发布的路由器上配置了多种路由协议的方法被称为"午夜航船"（Ships In the Night，SIN）路由选择。路由器将会在每个进程域内向其对等的路由器传递路由，但是进程域之间却相互完全不了解，就好像黑夜中在大海上航行的船只一样。SIN路由器可以指单一路由器在不同的域（网络）中运行不同路由协议，也可以指在某一个单独的IP域（网段）运行多种路由协议。

3．路由重发布需要考虑的问题

路由重发布是一种需要人工配置的机制，它的作用是把从某一种路由协议（或方法，如静态方式）中学习的路由通告给另外一种路由协议，或者在同一种路由协议的不同进程间进行通告。

路由重发布是一种强大的工具，在应用的时候需要仔细考量。

（1）自动路由重发布

在正常情况下，不同的路由协议之间不会自动相互交换路由更新信息，即不会自动进行路由重发布，路由重发布必须有明确的配置才会生效，除非特例，如自治系统号相同的IGRP和EIGRP之间可以自动路由重发布（具体细节在后续章节中介绍）。

（2）路由重发布的分类

众所周知，路由重发布是路由器需要在不同路由协议之间交换路由信息时所采用的机制，当两种路由协议都把自己学习到的路由表项通告给对方时，称为双向的路由重发布。因此路由重发布可以根据路由协议发布的方向区分为单向和双向。

根据路由重发布的重发布点数量又可以分为单点和多点。所谓单点路由重发布是指网络中只有一个路由重发布点（边界路由器），而多点重发布就是指在网络中具有多个重发布点。

因此，路由重发布的使用有如下几种环境：单点单向路由重发布、单点双向路由重发布、多点单向路由重发布和多点双向路由重发布。图4-3所示为单向路由重发布，图4-4所示为双向路由重发布。

（3）路由反馈（Routing Feedback）

当进行多点路由重发布时，路由反馈是一个潜在的问题，路由协议1把从路由重发布中学习到的路由更新重新反馈给路由协议2，而路由协议2正是通过路由重发布最初把这些路由更新通告给了路由协议1。因此，路由反馈可能会造成网络的路由环路，导致部分网络不可达到。这个问题在以后的章节中也会继续谈到。

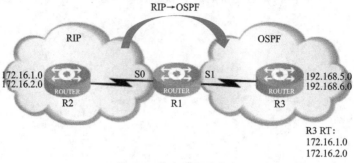

图4-3 单向路由重发布

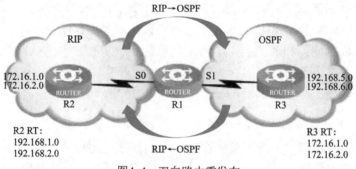

图4-4 双向路由重发布

如图4-5所示，RIP域中有10.0.0.0网络，通过路由再分布可以将10.0.0.0重发布到OSPF域中，OSPF获得该网络的路由信息。如果配置了双向路由重发布，那么OSPF域也将把10.0.0.0网络重发布给RIP域，形成了路由环路。

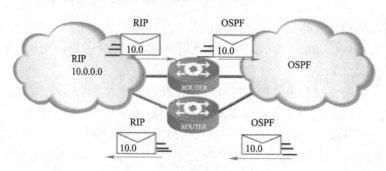

图4-5 双向路由重发布示例

因此，到达10.0.0.0网络就可能存在两种不同的途径，这两种途径又是从不同的路由协议中学习而来，使得最优路径的选择更为复杂。

路由反馈是在配置路由重发布时一个非常值得重视的问题，必须确保路由重发布的接收方路由协议不会再次将该路由通告给发布方的路由协议。如图4-5所示，OSPF收到来自RIP的路由重发布，一定要避免在其他的边界路由器上（下方的路由器）把这些路由更新反馈回RIP。

（4）路由重发布度量值（Metric）

每一种路由协议都采用不同的方法衡量最优路径，如RIP采用路由器跳数（Hop）作为路径选择的依据，OSPF采用开销（Cost）作为路径选择的依据。

在两种不同的路由协议之间使用路由重发布，就必须让接收方的路由协议能够识别发送方的度量值信息，并且能够进行合理的转换，成为接收方可以识别的度量，收录到路由表中。

因此在执行路由重发布的路由器上必须为重发布的路由指定度量值。如图4-6所示，RIP被重发布到OSPF中，同时OSPF也被重发布到RIP中。RIP不能理解OSPF的Cost值，OSPF也不能理解RIP的Hop值。因此在路由重发布的进程中，路由器必须在向RIP通告OSPF路由之前为每一条OSPF路由分配的Hop度量值；同理，路由器在向OSPF通告RIP路由之前也必须为每一条RIP路由分配Cost度量值。如果分配了不正确的度量值，路由重发布将会失败。

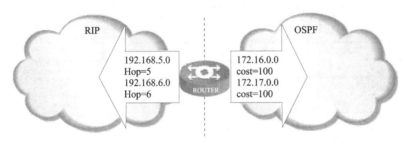

图4-6　度量值

如果为每一条路由都分配一个度量值，那么在配置上会比较麻烦，因此路由器引入一个新的概念解决这个问题，即种子度量值（Seed Metric），见表4-1。

表4-1　种子度量值

协　　议	DCN默认种子度量值
RIP	1
OSPF	100
BGP	1GP的度量值

种子度量值是当管理员没有手动分配度量值的时候，采用的默认度量值，以保证路由重发布的成功。

种子度量值在不同的网络拓扑中可能不是最优的度量值，需要管理员手动配置。在一般情况下，种子度量值的选择为大于本协议的本地最大的度量值，这样可以有效地避免路由环路，并且保证本地的流量一般不会越过边界路由器从重发布的协议中选取最优路径。

配置种子度量值的命令为default-metric。

（5）管理距离（Administrative Distance）

由于每一种路由协议采用的度量值不同，这种差异性产生了一个问题：如果路由器上运行了多种路由协议，并且从每种路由协议中都学习了到达相同目标网段的路由，那么应该选择哪一条作为转发数据的路径？

每一种路由协议都采用自己的度量值选择最优路径。比较不同的度量值来选择最优的路径是没有任何可比性的。

因此，这里引入了管理距离的概念。管理距离是指不同路由协议的可信度，见表4-2。当两种不同的路由协议进行比较时，根据管理距离可以确定哪一种路由协议优先可信。比如，一个旅行者来到陌生的地方，需要前往一个景点游览，由于不知道如何前往，旅行者向身旁的两个人问路，其中一个人是在本地生活了70年的老人，另一个是刚来到该城市的打工者，两个人都为旅行者指定了前往景点的路线，但各不相同。此时，旅行者需要做出判断，谁的话更有可信度？最后旅行者根据可信度选择其中一个人告诉的路线继续前进。

管理距离是一种可信度测试，管理距离越小，可信度越高。如果路由器从不同的路由协议学习到同一目标网段的路由信息，那么路由器将选择管理距离最小的协议所学习的路由注入路由表。注意，最长匹配规则要优先于管理距离。

表4-2 管理距离

协 议	管 理 距 离
直连接口	0
接口外出的静态路由	0
下一跳的静态路由	1
外部BGP	20
EIGRP	90
IGRP	100
OSPF	110
IS-IS	115
RIP	120
EGP	140
内部BGP	200
未知	255

如图4-7所示，假设R1路由器运行RIP和OSPF两种路由协议。通过RIP，R1路由器认为通过R2路由器到达192.168.1.0网段是最优的路径，因为RIP采用的度量值是跳数，跳数少的路径是最优路径。同时，R1路由器也运行了OSPF，而OSPF告诉R1路由器，经过R5、R4、R3、R2到达192.168.1.0网段的Cost是最低的，因为这几个路由器之间的线路都是千兆以太网的链路。

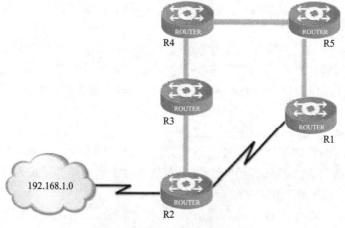

图4-7 管理距离选择最优路径

R1路由器同时获得这两条路径，根据管理距离的大小，R1路由器选择信赖管理距离为110的OSPF，并且把OSPF学习到的路径写入R1路由器的路由表中。

通过管理距离可以解决不同度量带来的混乱，但是它又为路由重发布带来了新的问题，即路由环路问题。

如图4-8所示，R1路由器和R3路由器都在向OSPF重发布RIP路由。R3通过RIP学习到192.168.1.0网络，并通告给OSPF。因此R1路由器不仅从R2路由器处通过RIP学习到192.168.1.0网络，并且从R5路由器处通过OSPF学习到192.168.1.0网络。

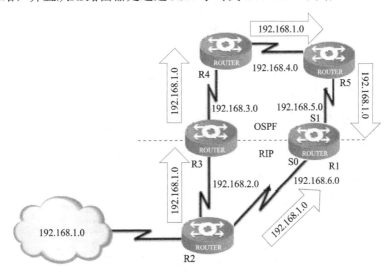

图4-8　管理距离导致路由环路

通过水平分割机制，最终网络会达成收敛，避免了路由环路的出现，R1路由器也会根据管理距离来判定最优路径，最终的路由表信息见表4-3所示。

表4-3　路由表信息

类　型	网　段	接　口
O E2	192.168.1.0/24	S1
O E2	192.168.2.0/24	S1
O	192.168.3.0/24	S1
O	192.168.4.0/24	S1
C	192.168.5.0/24	S1
C	192.168.6.0/24	S0

当R1路由器的信息需要向192.168.1.0网络通告时，R1路由器会选择那条长的路径。同时，网络中的其他路由器也在路由表中保存唯一到达192.168.1.0网络的路径，看起来没有任何问题。但是，该网络的收敛过程是不可预知的，在收敛过程中会出现路由环路，并且导致在一定时间内，192.168.1.0网络不可达。譬如，所有的路由器重新启动，网络开始收敛，由于OSPF与RIP的收敛时间不同，路由器会收到来自邻居路由器不同的路径。

R3路由器通告R4路由器到达192.168.1.0网络需要经过自己，R4路由器收到R5路由器的路径通告后，通告R3路由器到达192.168.1.0网络需要经过R4本身。R3路由器和R4路由器都把对方当成下一跳路由器，导致路由环路的产生。

路由环路产生后，收敛不仅难以预知，而且收敛时间也会大大增加，收敛速度慢，导致在收敛时间内，ping 192.168.1.0网络不可达，处于断路状态。

这时，水平分割开始起作用，互相指定为下一跳的路由器相互不通告路由，直到保存在路由表中的这一表项一直老化到失效计时器超时为止。

耗费了多个超时的失效计时器时间，网络最终达成了收敛。

（6）类别属性（Classful）

有些路由协议是可以识别可变长子网掩码（VLSM）的，称为无类别路由协议，如OSPF、RIPv2等；但是还有一些路由协议如RIPv1是有类别路由协议，不能通告携带子网掩码的路由。

路由器的各接口可以配置子网掩码各异的IP地址。如果路由器使用有类别路由协议进行路由通告，那么路由器如何识别子网掩码，协议如何处理冲突的掩码？

如图4-9所示，路由器上有四个接口分别连接到192.168.1.0的各个自网上，该网络使用了可变长子网掩码。其中S0与S1口使用了30位的子网掩码，E0口与E1口使用了27位的子网掩码。如果路由器此时运行了RIPv1，那么RIPv1如何识别和通告路由更新？

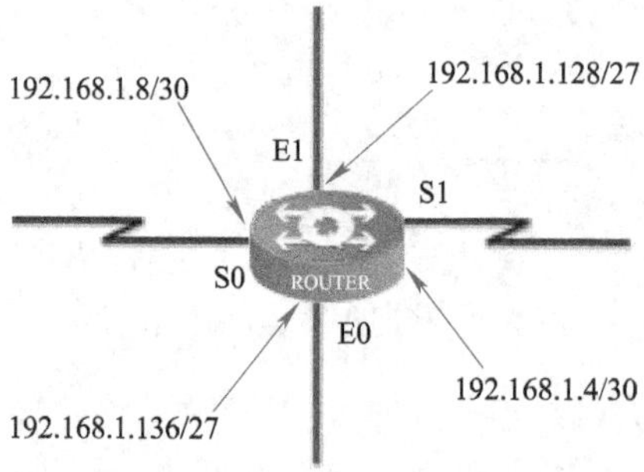

图4-9　路由器接口上配置不同子网掩码的地址

通过Debug信息，可以发现，通过E0口可以发出192.168.1.128/27的网段通告，但是没有从该接口发出子网掩码为30位的网段的通告；通过E1口可以发出192.168.1.136/27的网段通告，也没有从该接口发出子网掩码为30位的网段的通告。观察S0口和S1口，也可以得到类似的结论：S0口可以发出192.168.1.8/30的网段通告，但是没有从该接口发出子网掩码为27位的网段的通告；通过S1口可以发出192.168.1.4/30的网段通告，也没有从该接口发出子网掩码为27位的网段的通告。因此得出的结论是，在这个网络中，仅掩码与接口掩码相一致的子网才能从该接口通告路由信息。E0口和E1口的RIP邻居路由器不会学习到子网掩码为30位的子网信息，S0口和S1口的RIP邻居路由器也不会学习到子网掩码为27为的子网信息。

上述例子是一种极特殊的情况，用户一般不会在路由器上配置了VLSM后，仍然使用有类别路由协议进行路由通告。

这个例子说明：有类别路由协议仅在掩码相同的接口之间通告路由。

当从无类别路由协议向有类别路由协议进行路由重发布时，也遵循着仅在掩码相同的接口之间通告路由这一规范。

如图4-10所示，R1路由器学习到OSPF和RIP中所有子网的信息，因为OSPF是无类别路由协议，因此R1和R3都清楚地知道每个子网的掩码情况。而R1路由器的RIP进程中，接口地址的子网掩码为24位，因此在进行路由重发布的时候，只有172.16.2.0/24、172.16.3.0/24和172.16.4.0/24三个网段能够通过R1重发布到RIP进程中，而子网掩码不同的172.16.1.4/30和172.16.1.128/27不能被重发布。

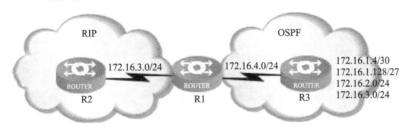

图4-10　无类别路由协议向有类别路由协议进行路由重发布

当把无类别的OSPF重发布到有类别的RIPv1中，如果边界路由器上的接口掩码相同，则可以完成重发布，但是将会被自动汇总成有类别的网络。

如图4-11所示，OSPF具有172.16.1.0/24等4个网络的路由信息，当OSPF被重发布到RIPv1中之后，因为RIPv1是有类别的路由协议，所以所有24位子网掩码的网络被自动汇总成一个16位子网掩码的B类网络，丧失了原来的子网特性。

图4-11　无类别路由协议向有类别路由协议进行路由重发布的自动汇总

4.2　配置单点路由重发布

1. 选择核心和边缘路由协议

识别是否需要配置路由重发布是一个非常简单的事情：当网络合并，需要两种不同的路由协议相互通信时就必须配置路由重发布。接下来关注的问题就是如何正确地判定在什么位置以及如何进行路由重发布。

本节讨论的内容为单点路由重发布，即网络中只有一个路由重发布点（边界路由器），在规划较为完善以及结构化分层的网络中，配置单点的路由重发布是最常见的。大型网络中，经常会使用一个核心的路由协议用于广域网（WAN）的连接，边缘的路由协议用于局域网（LAN）的连接。路由重发布将边缘网络协议再发布到核心路由协议中。常见的核心路由协议有OSPF、EIGRP和BGP。

核心协议通常用于网络的骨干区域，而边缘协议是用于核心网络边界区域的路由协议。核心区域可以认为是主干网络，边缘区域可以被认为是枝叶部分，依附于核心区域。

边缘协议控制自己区域中所有的路由更新。在路由重发布的边缘路由器上，核心路由协议将边缘路由协议重发布进来的路由信息通告到核心区域中。

但是，有时候在边缘发生的路由变化，通常不需要随时通告核心区域，因为对于边界路由器来说，那些边界区域的网络并没有发生变化，路由表项不需要更改。

例如，边缘区域使用如下网段：

10.1.1.0/24

10.1.2.0/24

10.2.0.0/16

如果边缘区域包含且仅包含地址为10.0.0.0的网络，那么整个边缘区域就可以汇总成10.0.0.0/8的网络，然后再发布到核心区域。在这种情况下，边缘网络如果拓扑发生变化，那么路由更新只在边缘区域通告，而不影响核心区域。这个例子表明，路由汇总可以解决路由频繁更新的问题，对于核心区域而言，可以不用了解边缘网络的具体拓扑。

而当边缘区域要想访问核心区域的网络时，在通常情况下，边缘区域只有一个单一的出口点连接核心区域，对于核心区域而言，没有必要把核心网络中的每一个变化都通告边缘区域，注入一条默认路由到边缘路由协议是非常明智的选择。边缘路由协议可以选择以下任意的路由协议：RIP、IGRP和静态路由等。

2．单向路由重发布

配置路由重发布需要根据网络的具体情况来具体对待。在某些情况下，需要在核心路由协议与边缘路由协议之间使用双向路由重发布，但在有些情况下，仅注入一条默认路由到边缘路由协议就足够了。

为什么不直接采用双向路由重发布，让所有的路由器都相互动态地学习呢？

下面将通过以下例子来说明，如图4-12所示。

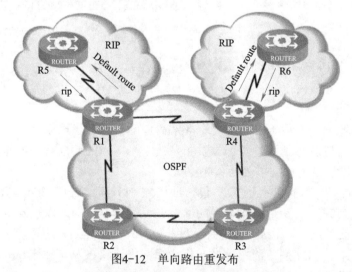

图4-12　单向路由重发布

核心区域R1、R2、R3、R4路由器运行OSPF，边缘区域R5、R6两台路由器与核心路由器R1、R4之间运行RIP。在R1和R4路由器上配置路由重发布，把RIP学习到的路由引入

OSPF中，所有的核心路由器都能学习到边缘区域内的路由。

R5和R6路由器是否需要了解OSPF核心区域的所有路由器？如果需要，则必须采用双向路由重发布，把OSPF的路由发布到RIP当中。但是从本例来看，R5和R6作为边缘区域中的路由器没有必要了解OSPF中的所有路由信息，使用一条默认路由从OSPF注入RIP更加合适，理由如下。

1）在边缘区域的路由器会节省内存运算核心区域的路由表项。

2）每一个边缘区域不必要接收另一个边缘区域的路由通告，如果有边缘区域到边缘区域的路由，则可以使用默认路由来转发。

3）边缘区域没有必要完全了解核心区域的内部网络，这样，核心区域的路由变化也不会引起边缘区域路由器中路由表的变化。

3. 配置路由重发布的步骤

配置路由重发布时，需要遵循以下几个步骤。

1）找到边界路由器。

2）选定核心路由协议。

3）选定边缘路由协议。

4）进入核心选择路由协议的路由进程，配置Redistribute再发布边缘路由协议。

5）指定度量值（有些设备可以忽略）。

4. 静态（直连）路由的路由重发布

静态路由或者直连路由的重发布是最常遇到的环境，如图4-13所示，R1路由器的直连网段分别为191.13.2.0/24和192.168.0.0/24，R2路由器的直连网段有192.168.0.0/24和192.168.1.0/24，R3路由器的两个直连网段为192.168.1.0/24和192.168.2.0/24。在R2路由器上配置静态路由，把R1路由器作为去往191.13.2.0/24网段的下一跳路由器，在R2和R3路由器上运行RIP。为了让R3路由器了解如何去往191.13.2.0/24网段，必须把R2路由器上配置的静态路由再发布到RIP中。

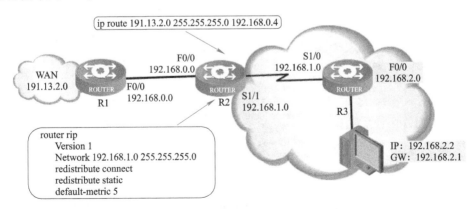

图4-13　静态（直连）路由重发布

此时，R2路由器是边界路由器，核心路由协议为RIP，边缘路由协议为静态路由和直连路由。

```
router rip
        redistribute connect
        redistribute static
        default-metric 5
```

router rip表示进入核心路由协议进程；

redistribute connect表示把直连路由重发布进入RIP；

redistribute static表示把静态路由重发布RIP；

default-metric 5表示把种子度量值设定为5跳。

5. 配置路由重发布进RIP

RIP是一个有类别路由协议，在进行路由发布进入RIP时需要特别关注。因为路由重发布进入有类别路由协议的时候，协议只接受与边界子网掩码一致的网络通告。

当不同的路由协议被路由重发布到RIP中时，RIP必须被告知如何处理这些通告，因为其他路由协议并不能识别RIP选择路径的依据——关于跳数的信息。

采用种子度量值可以解决这个问题，声明一个默认的跳数，这意味着所有的协议在路由重发布进入RIP的时候采用相同的度量值，这是一个普遍的方法。下面的示例表示所有的OSPF进程重发布进入RIP时，获得的跳数度量值为5跳。

```
router rip
        redistribute OSPF 1
        redistribute OSPF 2
        default-metric 5
```

把OSPF重发布进RIP，如图4-14所示。在进行路由重发布之前，R1路由器上学习到直连路由192.168.1.0、OSPF路由172.16.1.0以及RIP路由10.0.0.0；R2路由器学习到直连路由192.168.1.0和10.0.0.0两个网络。

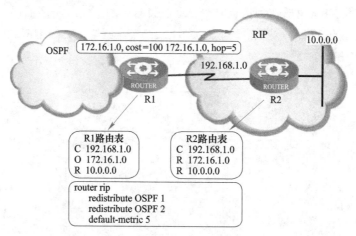

图4-14　配置路由重发布进RIP

配置路由重发布命令，在RIP中，重发布OSPF进程1，并且把默认的度量值设为5。

再次检查两台路由器的路由表，R1的路由表没有发生变化，R2路由器通过路由重发布到OSPF的网络，因此在路由表中增加一条去往172.16.1.0网络的路由，由于这条路由域已经重发布进了RIP，所以在路由表项前也标注成"R"。

6. 配置路由重发布进OSPF

配置路由重发布进OSPF和RIP类似，OSPF的配置命令如下。

```
router OSPF 1
    redistribute rip
```

首先需要进入OSPF的进程，然后进行路由重发布。在神州数码的路由器中，重发布进入OSPF中，不需要指定subnet参数即可将所有的子网信息都完整地发布。

小知识

Cisco路由器重发布进入OSPF时有一个特殊的参数——subnet。只有其他协议重发布进入OSPF的时候，才需要注意这个参数。如果没有subnet参数，那么只有主类网络可以重发布进入OSPF。如果添加了subnet参数，那么所有的子网信息都会被完整地再发布进OSPF。

如图4-15所示，RIP v2中有172,16.1.0/24和172.16.2.0/24两个网段。在进行路由重发布之前，R1路由器的路由表中会学习到直连路由192.168.1.0，通过RIP学习到172.16.1.0和172.16.2.0，通过OSPF学习到10.0.0.0。R2路由器的路由表中可以学习到直连路由192.168.1.0和10.0.0.0。

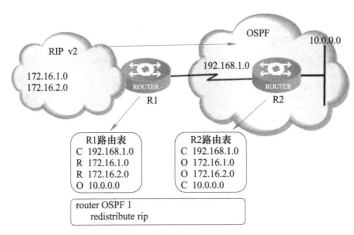

图4-15 配置路由重发布进OSPF

现在进行路由重发布，R2路由器会学习到172.16.1.0/24和172.16.2.0/24。

这里没有指定默认的度量值，在默认情况下采用OSPF默认度量值cost=100。

7. 配置单点双向路由重发布

如图4-16所示的网络，在路由重发布之前，R1路由器的路由表中会学习到直连路由192.168.1.0和192.168.2.0，学习到RIP路由192.168.3.0和192.168.4.0，学习到OSPF路由192.168.5.0和192.168.6.0。

R2路由器将学习到直连路由192.168.1.0，学习到RIP路由192.168.3.0和192.168.4.0。

R3路由器将学习到直连路由192.168.2.0，学习到OSPF路由192.168.5.0和192.168.6.0。经过路由重发布以后，3台路由器的路由表将如图4-16所示。

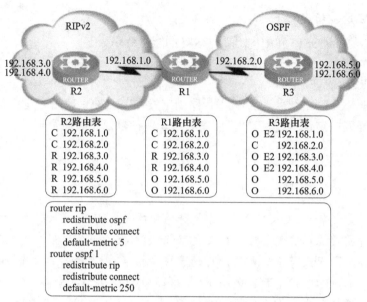

图4-16　单点双向路由重发布

4.3　配置多点路由重发布

1．多点路由重发布的问题

上一节讨论了单点路由重发布的详细应用，单点路由重发布比较常用，也较为简单，它重发布的内容就是当前路由器"路由表"中的内容。

注意，仅仅是路由表的内容，至于路由协议数据库中的条目问题是不用考虑的。譬如OSPF数据库中的内容，Redistribute程序是不会知道的。

因此单点双向重分布也不会产生路由反馈，发往一个方向的路由不会被重发布回来，因为在重分布点上是看不到被重发布后的路由的。

而多点双向重分布会复杂一些，如图4-17所示，R2和R4路由器之间有一个路由重发布点，R3和R5路由器之间也有一个重发布点。这样的拓扑环境将导致如下两个问题。

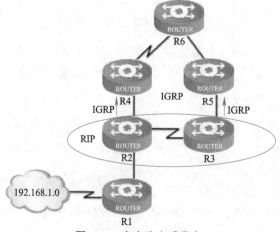

图4-17　多点路由重发布

1）次优路径。

2）路由环路。

例如，R5路由器希望和R2路由器通信，即使看起来经过R3路由器再到R2路由器是最好的路径，但是真实的数据还是要经过R6、R4再到R2路由器。这是因为IGRP具有更好的管理距离值，R5路由器在发送数据之前，会检查自己的路由表，发现同一个目的地，有RIP和IGRP两条路径，IGRP的管理距离值为100，小于RIP的120，R4路由器就选择了那一条"看起来很好"但是"千里迢迢"的道路。这就是次优路径的产生。

路由环路是另一个出现的问题。从这个例子来看，对于运行IGRP的路由器而言，到达每个目的网络都有可能有两条路径。譬如，R1路由器通告192.168.1.0网络给R2路由器，R2路由器也将向外通告此网络。R2路由器通过RIP将此网络通告给R3路由器，且通过路由重发布通告给R4路由器。R3路由器也会通过路由重发布通告给R5路由器。

IGRP中会在两个方向上进行路由更新，很有可能R2和R3路由器会认为经过IGRP的路径会更优，因此发往192.168.1.0网络的数据开始转发给IGRP，如果在没有收敛的情况下，这些数据将在IGRP的几台路由器中反复发送，互相指定下一跳，那么将形成路由环路。

2. 解决多点路由重发布问题的方法

管理距离值高的路由协议向管理距离值低的路由协议中重发布，会产生次优路径、路由环路等问题，需要加以过滤或对管理距离值进行更改。注意，错误只发生在边界路由器上。而管理距离值低的路由协议向管理距离值高的路由协议中重发布，则不会产生次优路径、路由环路等问题，无须多加考虑。

熟练控制路径选择是一个DCNP必须掌握的技巧，下面两种方法将用来解决多点路由重发布的上述问题。

（1）路由过滤

使用路由过滤不让产生环路的路由条目进入目标路由器，这样也就不会产生次优路径了，因为到达一个目的网络，路由器根本就没有两条路可以选择。这里将使用访问控制列表（ACL）来定义所需过滤的网络，使得网络管理员对网络拥有更加精细的控制。

（2）修改管理距离

管理距离是另一个强有力的工具，它强制路由器选取特定的协议作为最优路径的来源，可以把次优路由条目的管理距离值调高，高到路由器即便看到两条路由条目去往同一个目的网络，也不会选择这条次优路径。

譬如，当RIP（AD=120）再发布进OSPF后，边界路由会有两条选择，一条是RIP内部到达目的，另一条是从OSPF学到的往同一目的网络的路由，这条路由是由另外一台再分布路由器从RIP分发过来的。这时，ASBR会选择OSPF的，因为其AD=110，小于RIP的120。

只需要把这个学来的条目的管理距离值调到超过120，如这里调到210，网络又变得正常了。

3. 路由过滤

使用路由过滤将不需要的路由更新屏蔽起来，使之不能扩散影响其他路由器。路由过滤的流程如图4-18所示。

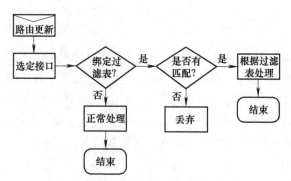

图4-18　路由过滤流程

路由过滤的配置步骤如下。

1）配置访问控制列表（ACL）。

```
ip access-list standard 1
    permit 192.168.1.0 255.255.255.0
    deny any
```

首先设定相应的访问控制列表，配置允许的网络和拒绝的网络。

2）配置路由过滤。

```
route ospf 1
    router_config_ospf_1# filter S0/0 in access-list 1
```

进入相应的路由进程，配置过滤器。上述例子表明，在S0/0的进口处，符合ACL的网络可以通过OSPF进行路由更新。

其中，S0/0表示特定接口，如果没有特定接口，那么也可以用"*"表示所有接口；"in"参数表示入口的路由更新进行过滤，也可以使用"out"参数对出口的路由更新进行过滤。

3）取消过滤器。

```
No filter
```

如图4-19所示，如果整个网络都运行OSPF，不希望外部网络202.99.8.0/24收到10.0.0.0/8网络的路由更新，却又不影响172.16.0.0/16的路由更新通告。

图4-19　路由更新

配置如下。

```
router ospf 1
    network 172.16.0.0 255.255.255.0 area0
    network 202.99.8.0 255.255.255.0 area0
    filter  S0/0  out  access-list  1

ip access-list standard 1
    permit 172.16.0.0 255.255.255.0
    deny any
```

再看一个路由过滤与路由重发布的例子，如图4-20所示。如果不希望192.168.3.0/24的网络更新被其他区域得知，但不影响另外的3个网段，那么应该在R2路由器上配置如下。

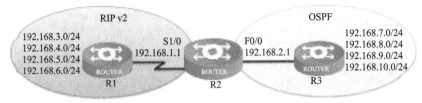

图4-20　路由过滤与路由重发布

```
router ospf 1
    network 192.168.2.0/24 area 0
    redistribute connect
    redistribute rip
    filter F0/0 out access-list 2

ip access-list standard 2
    deny 192.168.3.0/24
    permit any
```

上述的命令有些采用简写方式，具体的参数可以在实际设备上根据不同型号采用不同的命令行。

这里把OSPF作为核心路由协议，把RIP重发布进入OSPF，同时把直连网络也进行了重发布，路由过滤应用在F0/0口上，因为对于R2路由器而言，192.168.3.0/24网络来自S1/0，自F0/0向外发送，因此选择filter参数时，选择"out"参数。

4. 修改管理距离

使用修改管理距离的命令是另一种好方法，通过改变一种路由协议的可信度，迫使路由器选择另一条路径。

使用路由过滤可以阻止次优路径的路由通告，但是在某些情况下可能无效，如最优的路径死机了，那么次优路径也不会生效，因为已经被过滤了。这时，采用管理距离将是比较好的方法，在一定程度上起到了冗余链路的作用。

使用distance命令定义一个管理距离，no distance命令删除一个管理距离的定义。

管理距离是一个0~255的整数，在一般情况下，这个数值越高，可信度就越低。管理距离为255意味着路由信息源根本不可信任，应当被忽略。

下面的例子中，全局命令router rip中设置了RIP路由，路由器配置命令network指定到网络192.31.7.0和128.88.0.0的RIP路由。第一个distance命令把默认的管理距离设置为255，它指示路由器，RIP学习的路由表项在默认情况下的管理距离为255，即全部忽略不能写入路由表；第二个distance命令把学习到的C类网络192.31.7.0上的管理距离设为90；第三个distance命令把学习到128.88.1.3路由器的管理距离设为120。

```
router rip
    network 192.31.7.0
    network 128.88.0.0
    distance 255
    distance 90 192.31.7.0 255.255.255.0
    distance 120 128.88.1.3 255.255.255.255
```

例如，图4-13中，如果希望R1路由器去往192.168.1.0网络的最优路径是从R2路由器直接到目的网络，那么就需要在R1路由器上修改管理距离。

```
router rip
    version 2
    distance 90 192.168.1.0 255.255.255.0
```

去往192.168.1.0网络的RIP管理距离设定为90，已经比OSPF的管理距离更有优势，因此，R1路由器将使用RIP选择的路径进行通信。

在路由重发布的环境下，一定要具体问题具体分析，如果不是对网络拓扑十分熟悉，那么修改管理距离可能会对网络产生不利的影响。

4.4　控制路由更新

扫码看视频

1．路由映射

路由映射（Route Map）与访问控制列表十分相似，它们都包含了匹配确定数据包细节的准则，允许或拒绝对这些数据包的操作。

但是路由映射可以向匹配准则中加入设置准则，设置准则可以按照指定的方式真正对数据包和路由信息进行修改，而且路由映射还具有更多的选择来匹配指定的数据包。

路由映射一般而言，多用于以下4个地方。

1）路由重发布时对路由进行过滤，比路由过滤器Filter更灵活。

2）策略路由（PBR）。

3）网络地址转换（NAT）。

4）BGP路由策略的实现。

总之，路由映射是一个功能十分强大的辅助工具。

路由映射的配置步骤如下。

1）建立访问控制列表。

2）创建Route Map，通过SET操作，设定匹配ACL的动作。

3）绑定在进入的接口上。

如图4-21所示，在路由器R2上，RIP只将4条路由中的两条10.1.0.0/24和10.1.1.0/24重发布进入OSPF，此时可以在重发布时加配Route Map参数限定重发布的路由条目。

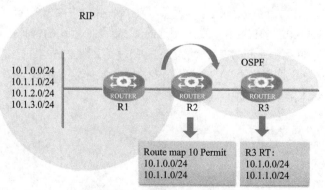

图4-21　Route Map应用

2. 分发列表

分发列表（Distribute List）可对路由器本身发出或收到的路由进行过滤，允许某些路由更新发出去，拒绝收到的某些路由更新进入路由表。分发列表具有更大的灵活性，请注意分发列表与ACL的区别。ACL不能对路由器本地产生的数据包进行过滤，所以ACL不能过滤本地发出的路由更新；在同一个区域的OSPF中，由于要保持某个区域中所有OSPF路由器联系状态数据库的同步，所以不能使用出站分发列表进行过滤。

如图4-22所示，在RIP网络中，R1路由表中的两条10.1.0.0/24和10.1.1.0/24发给R2，其他路由不进行发送，此时可以使用Distribute List限定R1发出路由的具体条目。

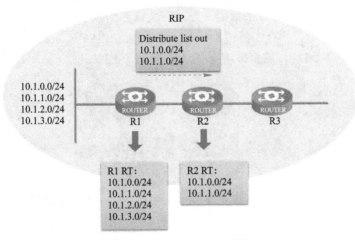

图4-22 Distribute List应用

3. 偏移列表

偏移列表（Offset List）是用来对那些由RIP学习到的入站和出站路由增加一个偏移量。这就提供了一个本地的机制来增加路由权值。另外，还可以使用访问列表或接口来限制偏移列表。

如图4-23所示，在一个RIP网络中，R3经过R2、R1两跳到达10.1.0.0/24和10.1.1.0/24网络，R3没有选择R4、R5是因为这条路径到达目的地需要3跳，度量值高；如果在本拓扑中强制路由经过R4、R5，则在R2上配置Offset List，将R2传播给R3的两条路由更新度量值改为大于3跳，这里将度量值修改为8跳。

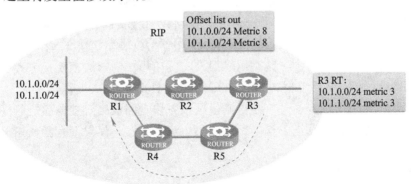

图4-23 Offset List的应用

4. 修改管理距离影响路由选择

前面介绍了管理距离的概念，对各种路由协议的管理距离的默认值都有所了解，在重发布中双点重发布容易引起次优路径问题，根本原因就是路由器优选了管理距离低的路径。修改路由协议默认的管理距离可以规避此问题。

如图4-24所示，本拓扑中包含了OSPF和RIP，在广州和北京的路由器上将RIP重发布进OSPF，由于RIP默认管理距离为120，OSPF默认管理距离为110，广州路由器在选择到达192.168.1.0的网络时，选择了经过重庆、天津、北京，没有选择经过上海，因为通过OSPF学习到192.168.1.0管理距离为110，通过RIP学习的管理距离为120，优先选择管理距离低的OSPF路径，这就是造成次优路径的原因。通过在北京路由器上将OSPF默认的管理距离配置高于RIP的120，如130，广州路由器再到192.168.1.0通过OSPF学习到管理距离是130，通过RIP学习到的管理距离是120，路由器将会优选管理距离低的RIP路径。

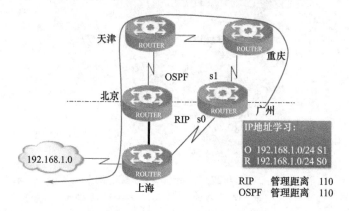

图4-24 修改管理距离影响路由选择

5. 策略路由

策略路由（Policy Based Routing，PBR）提供了一种全新的数据转发依据，和传统的路由协议完全不同。

路由策略都是使用从路由协议学习而来的路由表，根据路由表的目的地址进行报文的转发。在这种机制下，路由器只能根据报文的目的地址为用户提供比较单一的路由方式，更多的是解决网络数据的转发问题，而不是提供有差别的服务。

策略路由为网络管理者提供了比传统路由协议对报文的转发更强、更灵活的控制能力。策略路由不仅能够根据目的地址，而且能够根据协议类型、报文大小、应用、IP源地址或者其他策略来选择转发路径。策略可以根据实际应用的需求进行定义来控制多个路由器之间的负载均衡、单一链路上报文转发的QoS或者某种特定需求。

当数据包经过路由器转发时，路由器根据预先设定的策略对数据包进行匹配，如果匹配到一条策略，那么就根据该条策略指定的路由进行转发；如果没有任何策略，那么就根据路由表对报文进行路由转发。

策略转发流程如图4-25所示。

从图4-25中可见，策略路由的优先级比路由策略要高，当路由器收到数据包并进行转发时，会优先根据策略路由的规则进行匹配，如果能匹配上，则根据策略路由来转发，否则按照路由表中的转发路径来进行转发。

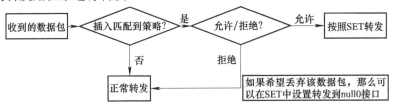

图4-25 策略路由的流程

下面来看一个例子，介绍何时使用策略路由，图4-26所示简单的双出口网络，OSPF会直接选择所有的流量都从S0接口发出，走E1路线，因为E1路线的带宽更高，速度更快，而ADSL的线路会一直闲置，这是一种极大的浪费。

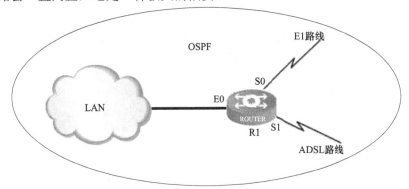

图4-26 简单的双出口网络

使用策略路由优化网络性能，可以设置成路由表中没有明确目的地址的流量全部走E1路线，其他流量走ADSL线路，这样就能利用上双链路的优势，并且在策略路由失效时，仍然可以继续按照正常的路由转发进行通信。

6. 配置策略路由

例如，凡是从数据源10.1.1.2发过来的数据报文都能直接转发到下一跳13.1.1.99，可以进行如下配置。

创建ACL：

```
ip access-list standard net1
permit 10.1.1.2 255.255.255.255
```

创建route-map：

```
route-map pbr 10 permit
match ip address net1
set ip nex-hop 13.1.1.99
```

绑定在进入的接口：

```
interface FastEthernet0/0
ip policy route-map pbr
```

创建标准的ACL，并且将ACL命名为net1，允许10.1.1.2地址。

创建路由映射表，将路由映射表命名为pbr，其中标号为10的项目定义为permit项，在这个permit项中，凡是符合名字为net1的ACL表的地址也就是10.1.1.2地址的数据都直接转发到

13.1.1.99。

进入合适的接口，把名字为pbr的策略路由绑定到该接口上。

如图4-27所示的网络，所有接口都已经按照要求配置地址，R1路由器中路由表只有两条直连路由，R2路由器配置了一条静态路由指向192.168.0.0/24网络。

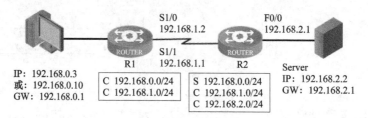

图4-27　配置策略路由

对于R1路由器而言，由于路由表中没有192.168.2.0/24网络的路由信息，那么计算机不能访问服务器192.168.2.2。在R1路由器上配置策略路由可以实现正常通信，配置如下。

```
ip access-list standard net1
  permit 192.168.0.10 255.255.255.255
route-map pbr1 10 permit
  match ip address net1
  set ip next-hop 192.168.1.2
int f0/0
  ip policy route-map pbr1
```

通过此配置，可以得出结论，当192.168.0.10访问服务器192.168.2.2时，数据包发到R1路由器，通过策略路由，可以将源地址为192.168.0.10的数据报文直接转发到下一跳192.168.1.2上，也就是R2路由器的S1/0口上，R2路由器收到报文后，经过路由器表转发至服务器，服务器回来的报文可以通过静态路由回复到192.168.0.10上。

如果计算机修改了IP地址，改成192.168.0.3，那么上述配置的策略路由不生效，R1路由器只能去查询路由表，发现路由表中没有到达192.168.2.0网络的路由信息，就会把来自192.168.0.3的数据报文丢弃。

这个例子是最简单的策略路由应用，大量的策略路由用在双出口链路上。如图4-28所示，希望来自1.0.0.0网络的数据全部发往3.3.3.3，来自2.0.0.0网络的数据全部发往4.4.4.4。

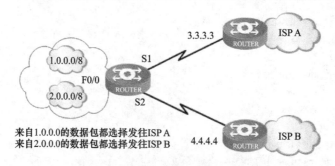

图4-28　在双出口链路上的策略路由

配置如下。

```
ip access-list standard toA
```

```
        permit 1.0.0.0 255.0.0.0
ip access-list standard toB
        permit 2.0.0.0 255.0.0.0
route-map PBR2 10 permit
        match ip address toA
        set ip next-hop 3.3.3.3
route-map PBR2 20 permit
        match ip address toB
        set ip next-hop 4.4.4.4
int f0/0
        ip policy route-map PBR2
```

　　网络通信的规则是有路由才有转发。路由策略由于仅在路由发现的时候产生作用，在路由表产生且稳定之后，如果网络不发生变化，则路由表通常不会变化，这时候，路由策略没有应用就不会占用资源。而策略路由是在转发的时候发生作用。路由器在初始产生路由表之后，基本工作量都在数据包转发上。如果没有策略路由，则路由器只会分析每一个数据包的目的地址，再按路由表来匹配就可以决定下一跳；但是如果有策略路由，则策略路由就一直处于应用状态，如果策略路由特别复杂，则路由器要根据规则来判断数据包的源地址、协议或应用等附加信息，这样就会一直占用大量的资源，所以除非不得已，尽量使用路由策略，而不要使用策略路由。

4.5　本章小结

- ➤ 理解什么是路由重发布及路由重发布的步骤。
- ➤ 了解单点路由重发布和多点路由重发布的区别。
- ➤ 了解路由映射的原理和使用。
- ➤ 掌握分发列表和偏移列表的使用。
- ➤ 掌握路由策略的原理和应用。

4.6　习题

　　1）OSPF的管理距离是（　　　）。

　　A．100　　　　　　　B．110　　　　　　　　C．115　　　　　　　D．120

　　2）在进行路由过滤的时候，想过滤掉192.168.1.0/24网段的路由，其余放行，访问控制列表该如何书写？（　　　）

　　A．ip access-list standard 1
　　　　　permit 192.168.1.0 255.255.255.0
　　　　　deny any

　　B．ip access-list standard 1
　　　　　permit 192.168.1.0 255.255.255.0
　　　　　permit any

　　C．ip access-list standard 1

    deny 192.168.1.0 255.255.255.0

    permit any

  D．ip access-list standard 1

    deny 192.168.1.0 255.255.255.0

    deny any

3）以下关于策略路由的说法正确的是（　　　）。

  A．策略路由的优先级大于路由策略

  B．策略路由的优先级小于路由策略

  C．通过策略路由可以转发路由表中没有的路由

  D．通过策略路由不可以转发路由表中没有的路由

4）某台路由器通过RIP和OSPF学习到同一条路由，它会（　　　）。

  A．把通过RIP学习到的路由加入到路由表中

  B．把通过OSPF学习到的路由加入到路由表中

  C．把通过RIP和OSPF学习到的都加入到路由表中

  D．通过RIP和OSPF学习到的都不会加入到路由表中

第5章 BGP

随着网络规模的不断扩大以及网络拓扑变得越来越复杂，网络管理员需要对自治系统间的路由进行控制，于是BGP应运而生，目前应用的是BGPv4，是运行在Internet上唯一的域间路由协议。BGP有很多特点，如运行在TCP之上，支持路由聚合和CIDR，可以通过丰富的路由属性与路由策略来控制和选择路由等；BGP是运行在自治系统之间的域间路由协议，与OSPF和RIP等域内路由协议不同，BGP的重点在于路由的控制和选择，而不是对于路由的发现和计算。

学习完本章，应该能够达到以下目标。

➢ 熟悉BGP的原理。

➢ 掌握BGP的特点。

➢ 掌握BGP的基本属性。

➢ 掌握BGP的路由选路策略。

➢ 掌握BGP的路由发布策略。

5.1 BGP概念、术语及工作原理

扫码看视频

1. 自治区系统与BGP

每个自治系统（AS）都有唯一的标识，称为AS号（AS number），由IANA（Internet Assigned Numbers Authority）来授权分配。这是一个16位的二进制数，范围为1～65 535，其中65 412～65 535为AS专用组（RFC2270）。

自治系统边界路由器（以前在Internet上被称为网关）和其他AS外部路由器用外部网关协议（EGP或BGP）交换AS之间的路由信息。

BGP经历了不同的阶段，从1989年的最早版本BGPv1，发展到1993年开始开发的最新版本BGPv4。

BGP没有对互联网拓扑添加任何限制。它假定自治系统内部的路由已经通过自治系统内的路由协议完成了学习和计算。基于在BGP路由器邻居之间交换的信息，BGP构造了一个自治系统图（或称为树）。对BGP而言，整个互联网就是一个AS图，每个AS用AS号码来识别，两个AS之间的连接形成一个路径，所有的路径信息最终汇集成到达特定目的地的路由。

BGP也是一种增强的距离矢量协议，其路由表包含已知路由器的列表、本路由器能够达

到的地址以及到达每台路由器所经过路径（经过的AS）。但是比起RIP等典型的距离矢量协议，BGP又有很多增强的性能。

BGP的信息传输使用传输控制协议（TCP），使用端口号179进行封装识别。在通信时，BGP要先建立TCP会话，这样数据传输的可靠性就由TCP来保证，而在BGP的协议中就不用再使用差错控制和重传的机制，从而简化了复杂的程度。另外，BGP使用增量的、触发性的路由更新，而不是一般的距离矢量协议把整个路由表进行周期性的更新，这样节省了更新所占用的带宽。BGP还使用"存活"信号（KeepAlive）来监视TCP会话的连通性。而且，BGP还有多种衡量路由路径优劣的度量标准（称为路由属性），可以更加准确地判断出最优的路径。

与传统的内部路由协议相比，BGP还有一个特性，就是BGP路由器之间，可以被未使用BGP的路由器隔开。这是因为BGP在内部路由协议之上工作，所以通过BGP会话连接的路由器能被一个或多个运行内部路由协议的路由器分开。

BGP的特点包括以下几点。

1）增量更新。

2）基于连接的可靠的更新。

3）使用属性而非度量值。

4）复杂的路径选择进程。

5）不以最快的路径为最优。

6）为大型网络所设计。

7）为所有已知路径创建转发数据库。

8）从转发数据库中寻找最优路径。

BGPv4是典型的外部网关协议，可以说是现行的网络中自治系统间寻址实施标准。它完成了在自治系统AS间的路由选择。可以说，BGP是现代整个Internet的支架。

但并不是在所有情况下BGP都适用。使用BGP会大大增加路由器的开销，并且大大增加规划和配置的复杂性。所以，使用BGP需要先做好需求分析。

一般来说，如果本地的AS与多个外界AS建立了连接，并且有数据流从外部AS通过本地AS到达第三方的AS，那么可以考虑使用BGP来控制数据流。也就是说，如果一个AS处于传递信息的位置，那么就需要为它配置BGP了。

另外，当一个AS是多出口的，并且数据应该被受控从各个不同的出口传递出去，那么就应该使用BGP。

还有，当BGP的使用效果可以被很好地理解时，可以使用BGP。

另一方面，当AS只有一个出口时，通常可以简单地使用静态路由（Static Route）而不是BGP来完成与外部AS的数据交换。如前所说，使用BGP会加大路由器的开销，并且BGP路由表也需要很大的存储空间，而且如果配置不当，很容易引起路由错误而影响整体连通性，所以当路由器的CPU或者存储空间有限，又或者带宽太小时，不宜使用BGP。

2．BGP网络多出口

一个AS有多个出口的时候叫作多宿主，连接了不同的ISP。多出口产生的作用如下。

1）增强连接的可靠性：当连接某个ISP链路出现问题时，可以使用另外一条链路。

2）提高链路性能：不同的流量可以使用不同出口。

多出口设计的优点如下。

1）提供了多出口的冗余路径。

2）不依赖单价ISP路由选择。

3）前往目的网络时有更大的操控余地。

BGP多出口如图5-1所示，企业AS65004连接ISP1、ISP2，到达AS65001某网络时，可以操控BGP路由经过AS65002或者经过AS65003，多宿主提供了更大的操控余地。

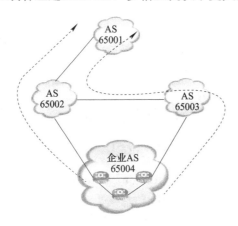

图5-1　BGP多出口

3．BGP距离矢量特征

距离矢量路由协议的路由更新中包括前往某一个目的网络的度量值，用于路由选路；运行了BGP的路由器交换的是路径矢量的可达性信息，这些信息是由多种路径属性组成的，多种路径属性中包含一个BGP AS序号表，表明到某一个目的网络需要经过的AS，BGP路径如图5-2所示。

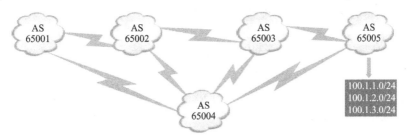

图5-2　BGP路径

从AS65001到AS65005网络有以下四条路径：

65001→65002→65003→65005。

65001→65002→65003→65004→65005。

65001→65002→65004→65003→65005。

65001→65004→65005。

AS65001并不知道网络中所有的路径，而是AS65002通告给AS65001可以通过AS65002→AS65003或AS65002→AS65004到达AS65005；AS65004通告AS65001可以通过AS65004到达

AS65005，就像距离矢量路由协议通告路由表一样，只将最优的路由进行通告（BGP AS属性衡量标准是经过AS个数最少的为优），AS65001最终会选择AS65001→AS65004→AS65005路径。

4．BGP消息类型

BGP数据包封装如图5-3所示，BGP报文的封装格式，如前所述，BGP是封装在TCP的179端口上的。

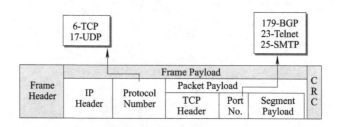

图5-3　BGP数据包封装

BGP消息有Open、Update、Notification和KeepAlive四种类型，分别用于建立BGP连接、更新路由信息、差错控制和检测可到达性。

1）Open：打招呼"你好，跟我交个朋友吧！"

2）KeepAlive：我还活跃着呢，别不理我。

3）Update：有新闻……

4）Notification：我不跟你玩了！

Open消息是在建立TCP连接后，向对方发出的第一条消息，包括版本号、各自所在AS的号码（AS Number）、BGP标识符（BGP Identifier）、协议参数、会话保持时间（Hold Timer）以及可选参数、可选参数长度。其中，BGP标识符用来标识本地路由器，在连接的所有路由器中（本AS内部）应该是唯一的。这个标识符一般都使用可用接口上的最大的IP地址（通常使用Loopback接口来防止地址失效）。

会话保持时间，是指在收到相继的KeepAlive或者Update信号之间的最大间隔时间。如果超过这个时间路由器仍然没有收到信号，就会认为对应的连接中断了。如果把这个保持时间的值设为0，那么表示连接永远存在。

Update消息由不可到达路由（Withdrawn Route）、路由属性（Route Attributes）和网络层可到达性信息（Network Layer Reachability Information，NLRI）组成。

下面将详细介绍BGP报文格式。

（1）消息头结构

所有4种类型的BGP报文均使用一种通用的报文格式，该格式包含3个固定的首部字段即标记、长度和类型，以及留给报文体的、其内容对每种报文类型而言均不相同的一段空间。

BGP 报头格式是由一个16字节的标记字段、2字节的长度字段和1字节的类型字段构成。

BGP消息头结构如图5-4所示。

1）Marker：（16字节）鉴权信息及标记信息，用于同步和鉴别。

2）Length：（2字节）消息的长度，长度表示
整个BGP报文包括报头的长度。最短的BGP报文不
会小于19字节（16+2+1的报头结构，KeepAlive报
文），最大的不会大于4096 字节。

3）Type：（1字节）消息的类型（0表示Open；1
表示Update；2表示Notification；3表示KeepAlive）。

图5-4　BGP消息头结构

标记字段可以用来鉴别进入的 BGP 报文并且检
测两个BGP对等体间同步的丢失。标记字段可有两种
格式。

如果报文类型是Open并且这个Open报文没有鉴别信息，标记字段必须全为"1"。
否则，标记字段会基于所使用鉴别技术的一部分被计算。

标记字段是BGP报文格式中最有意思的一个字段，同时用于同步和鉴别。BGP使用单个
TCP会话连续地发送多个报文，而TCP是一种面向流的传输协议，它只在链路上发送字节，
并不理解这些字节的含义，这就意味着在使用TCP时，需要决定在何处划定两个数据单元
（在这里是指BGP报文）之间的界限。

在正常情况下，长度字段可以告诉BGP设备在何处划定一个报文结束和下一个报文开始
之间的界限。但是，由于各种意想不到的情况，设备有可能会失去对报文边界的跟踪。标
记字段使用一种可识别的模式来填充，该模式可以清楚地标记每个报文的开始，而BGP对等
体就通过查找这种模式来保持同步。

在BGP连接创建以前，标记字段填充为全1，因此这就成为用于打开报文的模式。一旦
BGP会话协商成功，如果两台设备之间就某种鉴别方法达成一致，则标记字段还将担负起鉴
别的角色。此时BGP设备不再查找包含全1的标记字段，而是查找使用商定的鉴别方法产生
的模式。对这种模式的检测既同步了设备又确保报文是可信的。

在极端情况下，BGP对等方可能无法保持同步。如果出现这种情况，那么将产生通
知报文并关闭会话。如果启用了鉴别而标记字段包含错误的数据也会产生通知报文并关
闭会话。

报头后面接或不接数据部分都可以，这要依据报文的类型而定，如KeepAlive报文，只
需要报文报头，没有数据。

（2）Open消息结构

在能够使用BGP会话交换路由信息之前，首先必须在BGP对等方之间创建一条TCP连
接。此过程初始要在设备之间创建一条TCP连接，一旦TCP连接建立，BGP设备就会尝试着
通过交换BGP打开报文来创建BGP会话。

打开报文主要有两个作用。一是标识和启动两台设备之间的连接，使一个BGP对等体能
够告诉另一个BGP对等体"我是一个位于AS Y上的名为X的BGP路由器，我希望和你开始交
换BGP信息，我有如下的BGP会话所遵循的条款"。使用打开报文协商的一个重要参数是设
备希望使用的鉴别方法，为防止错误的信息或怀有恶意的人破坏路由，必须进行鉴别。

另一个作用就是每台收到打开报文的BGP设备都必须处理该报文。如果报文的内容是可
接受的（包括了另一台设备希望使用的参数），则它将用一个保活报文作为确认来予以响
应。为使BGP连接初始化，每个对等体都必须发送一个打开报文并接受一个保活报文确认。

如果任何一方不愿意接受打开报文中的条款，则连接将不会创建，在这种情况下，可能会发送一个通知报文来传递问题出现的原因。

消息头加如图5-5所示结构即构成了Open（打开）消息结构。

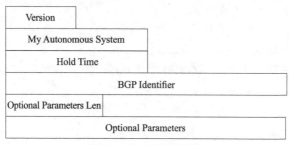

图5-5 打开消息结构

1）Version：（1字节）指示打开报文发送方正在使用的BGP版本。这个字段使设备能够拒绝与那些使用它们无法兼容版本的设备建立连接。该字段当前值为4，代表BGPv4，用于大多数（也许不是全部）当前的BGP。

2）My Autonomous System：（2字节无符号整数）本地AS号，表示发送方的AS编号。AS编号是互联网集中管理的，其管理方式类似于IP地址的管理方式。

3）Hold Time：（2字节无符号整数）发送端建议的保持时间，指定了在相邻两次接收BGP报文之间BGP对等方允许连接保持静默的时间。在一般情况下，两台设备会同意使用双方建议中较小的那个值。该值必须至少是3s，或者是0s。如果为0s，则表明不使用保持定时器。

4）BGP Identifier：（4字节）发送端路由器的标识符，标识具体的BGP路由器。IP地址是与接口而不是设备相关联的，因此每台路由器至少有2个IP地址。在通常情况下，其中一个地址被选择作为BGP标识。一旦选定，这个标识就将用于和BGP对等体的所有BGP通信，不仅包括其地址被选作标识的那个接口上的BGP对等方，还包括其他接口上的BGP对等方。因此，如果一个BGP路由器有两个接口，地址分别是IP1和IP2，则它将选择其中一个地址作为自己的标识，并把这个标识同时用于两个接口所在的网络中。

5）Optional Parameters Len：（1字节）可选的参数长度，如果为0，则说明该报文不包含可选参数。

6）Optional Parameters：（变长）可选的参数，使双方设备能够在BGP会话建立期间利用打开报文交流任意数量的附加参数。每个参数都使用标准的类型/长度/值进行三元组编码。

7）参数类型"1"指该可选参数的类型。目前，只定义了一个用于鉴别信息的数值1。

8）参数长度"1"指明参数值子字段的长度（因此，该值是整个参数的长度减2）。

9）参数值"可变"指正在传递的参数的值。

当前，BGP打开报文仅使用一个可选参数，就是鉴别信息。其参数值子字段包含一个1字节长的鉴别码子字段，指明设备希望使用的鉴别类型；紧随其后的是一个长度可变的鉴别数据子字段。鉴别码指明如何执行鉴别，包括鉴别数据字段的含义以及将来标记字段的计算方式。

（3）KeepAlive消息结构

当使用打开报文创建了一条BGP连接时，BGP对等体最初会使用更新报文来向彼此发送大量的路由信息。然后它们会安静下来，进入维护BGP会话的日常程序，而更新报文只在需要时才发送。由于这些更新对应着路由的变化，而路由变化一般很少发生，因此这意味着在连续两次收到更新报文之间可能会经过较长时间。

1）BGP保持定时器和保活报文间隔时间。当BGP对等体在等待接收下一个更新报文时，它的处境有点类似于一个人被要求别挂断电话的情况。虽然几秒时间对人们而言可能不算太长，但是对一台计算机而言却是相当长的时间。与人类似，被要求等待了很长时间的BGP路由器可能会变得不耐烦，并可能会开始怀疑对方是不是已经挂断了电话。计算机不会因为被要求等待而生气，但是它们可能会怀疑是否出现了什么问题而导致连接中断。

为了清楚自己已经等待了多长时间，每台BGP设备均维护一个专门的保持定时器。每次它的对等体发送一个BGP报文，就将这个保持定时器设置为初始值，然后定时器开始递减计数，直到接收下一个报文，再将定时器重置。如果保持定时器过期，就认为连接已中断并终止BGP会话。

保持定时器的时间长度作为会话设置的一部分，使用打开报文协商决定。其时间长度至少应该是3s，或者也可以协商为0s。如果为0s，则不使用保持定时器，这意味着设备具有无限的耐心，不在乎在连续两次收到报文之间过去了多长时间。

为了确保即使在很长时间都不需要发送更新报文的情况下定时器也不会过期，每个对等方均定期发送BGP保活报文。该报文的名称说明了全部，这种报文就是用来保持BGP连接而存活的。保活报文发送的频率依赖于具体的实现，但是标准建议以保持定时器时间值的三分之一为间隔发送这些报文。因此，如果保持定时器的值为3s，则每个对等方就每秒发送一个保活报文（除非在这1s里它需要发送其他某些类型的报文）。为防止占用过多带宽，保活报文的发送频率一定不能大于每秒一次，因此1s是最小的间隔时间，即使保活定时器短于3s。

2）BGP保活报文格式。保活报文的意义在于该报文本身，没有数据需要传递。事实上，人们希望这种报文简短易用，因此，它实际上是一种只包含BGP消息头的哑报文。下面给出了保活报文的格式。

保活报文还有一种特殊的用法。在最初的BGP会话设置阶段，它们用来对有效打开报文的接收进行确认。

KeepAlive消息只有一个消息头，目的是确定当前对等体的状态正常，如图5-6所示。

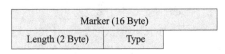

图5-6 KeepAlive消息结构

（4）Notify消息结构

BGP会话一经创建，就会在相当长的一段时间内保持打开状态，以使设备之间能够定期交换路由信息。在BGP运行期间，可能会突然出现某些干扰BGP对等方之间正常通信的差错状况。

1）BGP通知报文的功能。BGP通知报文用于在BGP对等体之间报告差错。每个报文包含一个差错码字段，说明出现的问题类型。对于某些差错码字段，还使用一个差错码子字段提供有关问题具体性质的额外细节信息。不管这些字段的名称如何，通知报文还用于其他一些特殊的非差错类型的通信，如主动终止一个BGP连接。

有一些差错状况非常严重，以至于BGP会话必须终止。当出现这种情况时，检测到差错的设备将向其对等体发送一个BGP通知报文来通告问题的性质（原因），然后它将关闭连接。

当然，让别人告诉你"我发现了一个差错，因此我将退出"并没有多少价值。因此，BGP通知报文包含大量字段来提供有关引起这个通知报文发送的差错性质（原因）的信息，这其中包括一系列基本的错误码，以及某些错误码中的子代码。根据差错的性质，还可能包含一个额外的数据字段来辅助问题诊断。

除了使用通知报文来传达差错的发生之外，这种报文类型还用于其他一些目的。例如，如果两台设备不能就如何协商会话达成一致，则它们也会发送一个通知报文，而这种情况严格说来并不算是差错。此外，通知报文还允许设备出于各种和差错无关的原因而拆除BGP会话。

2）BGP通知报文的格式。下面详细说明了BGP通知报文的格式。

差错码——1字节，说明差错的一般类型。

差错子码——1字节，为3种差错码值提供了更为具体的差错起因的说明。

数据—— 可变，包含额外的信息帮助诊断差错，其含义依赖于差错码和差错子码字段中指明的差错类型。在大多数情况下，该字段使用一个导致差错发生的错误值填充，如图5-7所示。

差错码		差错子码			
错误代码	1	2	3	4	5	6
错误类型	消息头错	Open消息错	Update消息错	保持时间超时	状态机错	退出

图5-7　Notify消息结构

①BGP通知报文差错码。

a）报文首部错误。检测到BGP首部的内容或长度有问题。差错子码字段提供了关于问题性质的更多细节信息。

b）打开报文错误。在打开报文的报文体中发现问题。差错子码字段对问题做了更为详细的描述。注意这里还包括鉴别失败或无法就某个参数（如保持时间）达成一致等问题。

c）更新报文错误。在更新报文的报文体中发现问题。再次指出，差错子码字段提供了更多信息。很多归入这个差错码下的问题都与在更新报文发送的选路数据或路径属性中检测到的问题有关，因此这些报文向发送不正确数据的设备提供了关于这些问题的反馈。

d）保持定时器过期。在保持定时器到期之前没有收到报文。要了解有关这个定时器的详细信息，见本章前面对保活报文的描述。

e）有限状态机错误。BGP有限状态机是指对等方上的BGP软件基于事件从一种操作状态转移到另一种操作状态的机制（见后续有限状态机的描述，了解这个概念的一些背景信息）。如果出现了一个对等方当前状态上不期望的事件，则将产生这种错误。

f）停止。当BGP设备出于某种和其他码值描述的差错状况无一相关的原因而想要断开到一个对等体的连接时，使用此码值。

②BGP通知报文差错子码。

a）报文首部错误（差错码1）。

➢ 连接不同步。在标记字段中没有发现期望的值，说明连接已经变得不同步。

➢ 错误报文长度。报文长度小于19字节、大于4096字节或是与报文类型的期望长度不一致。

➢ 错误报文类型。报文的类型字段中包含一个无效值。

b）打开报文错误（差错码2）。

➢ 不支持的版本号。设备不使用其对等方正试图使用的版本号。

➢ 错误对等方AS。路由器没有识别出对等方的AS编号或者是不愿意与其通信。

➢ 错误BGP标识。BGP标识字段无效。

➢ 不支持的可选参数。打开报文包含一个可选参数，而报文的接收方不能理解这个参数。

➢ 鉴别失败。鉴别信息可选参数中的数据无法鉴别。

➢ 不可接受的保持时间。路由器拒绝打开会话，因为其对等方在打开报文中建议的保持时间不可接受。

3）更新报文错误（差错码3）。

➢ 异常属性列表。报文的路径属性整体结构不正确，或者是某个属性出现了两次。

➢ 不可识别的周知属性。无法识别某个强制性的周知属性。

➢ 周知属性缺失。没有指定某个强制性的周知属性。

➢ 属性标记错误。某个属性的一个标记所设置的值与属性的类型码相冲突。

➢ 属性长度错误。某个属性的长度不正确。

➢ 无效Origin属性。Origin属性的值未定义。

➢ AS选路环路。检测到一个选路环路。

➢ 无效Next_hop属性。Next_hop属性无效。

➢ 可选属性错误。在某个可选属性中检测到一个差错。

➢ 无效网络字段。网络层可达信息字段不正确。

➢ 异常AS_Path。AS_Path属性不正确。

值得注意的是，没有一种机制报告通知报文自身的差错。这很可能是因为发送通知报文之后连接通常会终止。

（5）Update消息结构

一旦BGP路由器之间建立了联系并使用打开报文创建了连接，设备就可以开始真正地交换路由信息了。每台BGP路由器都使用特定的BGP决策来选择将要通告给自己对等体的路由，然后把这些路由信息装入BGP更新报文，并将这些报文发送给已与自己建立了会话的每台BGP设备。

每个更新报文都包含下面的一项或两项内容。

1）路由通告——单条路由的特性。

2）路由撤销——不再可达网络的列表。

每个更新报文只能通告一条路由，但是可以撤销多条路由。这是因为撤销一条路由十分简单，仅需要说明该路由被删除的那个网络的地址。与此相对应的，路由通告要求描述一组相当复杂的路径属性，将占用很大的空间（注意：一个更新报文可以只说明撤销路由而完全不通告路由）。

由于BGP更新报文包含的信息量以及这些信息的复杂性，BGP更新报文采用的结构是TCP/IP中最为复杂的结构之一。

消息头加如图5-8所示的结构即构成了Update消息。

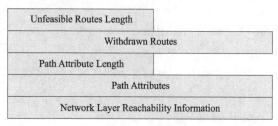

图5-8　Update消息结构

1）Unfeasible Routes Length：（2字节无符号整数）不可达路由长度，以字节计的撤销路由字段的长度。如果为0，表示没有撤销路由且撤销路由字段省略。

2）Withdrawn Routes：（变长）退出路由，指明路由被撤销（不再使用）的网络地址。每个地址使用两个子字段说明。1字节长的长度字段是IP地址前缀子字段中有效的位数，长度可变的前缀子字段是被撤销路由的网络的IP地址前缀。如果前缀中的位数不是8的整数倍，则用0填充该字段从而使其对齐字节边界；如果前面的长度字段小于或等于8字节，该字段的长度为1字节；如果长度字段为9～16字节，则该字段长2字节；如果长度字段为17～24字节，则该字段长3字节；如果长度字段大于等于25字节，该字段长4字节。

3）Path Attribute Length：（2字节无符号整数）路径属性长度，以字节为单位的路径属性字段的长度。如果为0，说明该报文不通告任何路由，因此路径属性和网络层可达信息省略。

4）Path Attributes：（变长）路径属性（以下详细说明），描述所通告路由的路径属性。由于某些属性需要的信息量比其他属性大，因此使用一种灵活的结构对它们进行描述。相对于使用固定字段（将经常为空）来说，这种灵活的结构可以最小化报文长度。遗憾的是，这样做同时也令字段结构变得难于理解。每个属性均包含后面详细介绍的子字段。

5）Network Layer Reachability Information：（变长）网络可达信息，包含正在通告的路由的IP地址前缀列表。每个地址都使用与撤销路由字段所用相同的通用结构表示。1字节长的长度字段是IP地址前缀子字段中有效的位数，长度可变的前缀子字段是正通告其路由的网络的IP地址前缀。同样的，如果前缀中的位数不是8的整数倍，则用0填充该字段从而使其对齐字节边界。如果前面的长度字段小于或等于8字节，则该字段的长度为1字节；如果长度字段为9～16字节，则该字段长2字节；如果长度字段为17～24字节，则该字段长3字节；如果长度字段大于等于25字节，则该字段长4字节。与更新报文中其他大多数字段不同，NLRI字段的长度没有明确指定，是从整个报文的长度字段中减去其他明确指定的字段的长度计算得到的。

BGP连接建立后，如果有路由需要发送则发送Update消息通告对端路由信息。Update消息主要用来通告路由信息，包括失效（退出）路由。Update消息发送路由时，还要指定此路由的路由属性，用以帮助对端BGP选择最佳的路由。需要注意的是，由Update消息的格式可以看出每个Update消息只可以发布一种路由属性，本地BGP路由如果有路由属性完全相同的，则可以由一条Update消息发布，否则只能使用多条的Update消息发布。

BGP有限状态机有6种状态，分别是Idle、Connect、Active、Open-sent、Open-confirm和

Established。状态之间的相互转换及转换条件如图5-9所示。

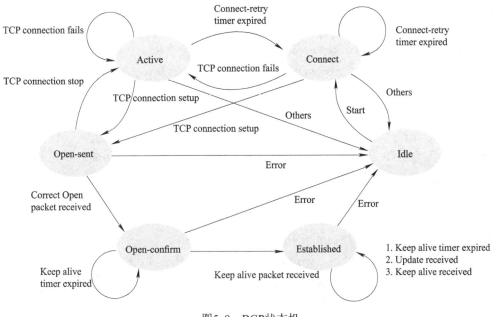

图5-9 BGP状态机

（1）Idle状态   在这个状态下，BGP拒绝任何进入的BGP连接，不为对端分配任何资源。等待响应Start事件，本地系统初始化所有的BGP资源，开始Connect-retry计时器，初始化传输连接其他BGP对端设备，当监听到远端BGP对端设备时，初始化BGP连接，改变状态到连接。Connect-retry计时器的确切值是本地设置，但是要有效大于允许TCP初始化的值。

如果BGP发言者探测到错误，则关闭连接转换状态到Idle。脱离Idle状态需要Start事件的产生。如果这个事件自动产生，连续的BGP错误会导致发言者的抖动。为了避免这个情况，建议之前由于错误而转换到Idle状态的BGP设备的Start事件不再立即产生。如果事件是自动产生的，那么连续产生的Start事件之间的时间应该指数增长。初始计时器的值应该是60s。计时应该每连续产生一次就加倍。

在Idle状态下，任何其他事件都被忽略。

（2）Connect状态   在这个状态下，BGP等待传输协议连接的完成。

如果传输协议连接成功，则本地系统清除Connect-retry计时器，完成初始化，发送Open消息到对端，改变状态到Open-sent。

如果传输协议连接失败（如重传超时），则本地系统重启Connect-retry计时器，继续侦听远端BGP对端初始化的连接，改变它的状态到Active状态。

响应Connect-retry计时器溢出事件，本地系统重启Connect-retry计时器，初始化传输连接到BGP对端，继续侦听远端BGP对端初始化的连接，停留在Connect状态。

Start事件在Active状态被忽略。

响应其他事件（被其他系统或者操作者初始化），本地系统释放连接占有的所有BGP资源，转换状态到Idle。

（3）Active状态   在这个状态下，BGP尝试通过初始化传输协议来连接到对端。

如果传输协议连接成功，则本地系统清除Connect-retry计时器，完成初始化，发送Open消息到对端，设置Hold计时器为一个很大值，改变状态到Open-sent。计时器值建议为4min。

响应Connect-retry计时器溢出事件，本地系统重启Connect-retry计时器，初始化传输连接到其他BGP对端，继续侦听远端BGP对端初始化的连接，改变状态到Connect。

如果本地系统探测到远端尝试与自己建立BGP，但远端的IP地址不是期望的，则本地系统重启Connect-retry计时器，拒绝尝试连接，继续侦听远端BGP对端初始化的连接，停留在Active状态。

Start事件在Active状态被忽略。

响应任何其他事件（其他系统或者操作者初始化），本地系统释放连接占有的所有资源，改变状态到Idle。

（4）Open-sent状态　在这个状态下，BGP等待来自对端的Open消息。当Open消息收到后，所有的域要检查正确性，如果BGP消息头检查或者Open消息检查探测到错误，或者连接冲突，则本地系统发送Notification消息，改变状态到Idle。

如果在Open消息内没有错误，则BGP发送KeepAlive消息设置KeepAlive计时器。Hold计时器，先前被设置为一个大值，被商议的Hold Time值替代。如果商议的Hold Time值是0，Hold Time计时器和KeepAlive计时器要重启。如果Autonomous System域的值是和本地AS号码一样的，连接是"内部"连接，否则是"外部"连接。最后，转态转换到Open-confirm。

如果从承载传输协议收到断开通告，则本地系统关闭BGP连接，重启Connect-retry计时器，同时继续侦听远端BGP初始化的连接，进入Active状态。

如果Hold计时器溢出，则本地系统发送Notification消息，错误码是Hold Timer Expired，同时改变状态到Idle。

响应Stop事件（系统或者操作者初始化），本地系统发送Notification消息，错误码是Cease，同时改变状态到Idle。

Start事件在Open-sent状态被忽略。

对别的事件的响应，本地系统发送Notification消息，错误码是Finite State Machine Error同时改变状态到Idle。

无论何时，BGP改变状态从Open-sent到Idle，关闭BGP（以及传输层）连接并且释放连接占用的所有资源。

（5）Open-confirm状态　在这个状态下，BGP等待KeepAlive或者Notification消息。

如果本地系统收到KeepAlive消息，则改变状态到Established。

如果在收到KeepAlive消息之前，Hold计时器溢出，则本地系统发送Notification消息，错误码是Hold Timer Expired，改变状态到Idle.

如果本地系统受到Notification消息，则改变状态到Idle。

如果KeepAlive计时器溢出，则本地系统发送KeepAlive消息，重启KeepAlive计时器。

如果从底层的传输协议收到断开通告，则本地系统状态转换到Idle。

响应Stop事件（系统或者操作者初始化）本地系统发送Notification消息，错误码是Cease，改变状态到Idle。

Start事件在Open-confirm状态被忽略。

响应其他事件，本地系统发送Notification消息，错误码是Finite State Machine Error，改变状态到Idle。

无论何时，BGP改变状态从Open-confirm到Idle，关闭BGP（传输层）连接并且同时释放所有连接占用的资源。

（6）Established状态　在这个状态下，BGP交换Update、Notification和KeepAlive消息到对端。

如果本地系统收到Update或者KeepAlive消息，则开启Hold计时器。

如果本地系统收到Notification消息，则状态转换到Idle。

如果本地系统收到Update消息，Update消息的错误处理过程探测到错误，则本地系统发送Notification消息，改变状态到Idle。

如果断开通告通过承载传输协议收到，则本地系统改变状态到Idle。

如果Hold计时器溢出，则本地系统发送Notification消息，错误码是Hold Timer Expired，改变状态到Idle。

如果KeepAlive计时器溢出，则本地系统发送KeepAlive消息，重启KeepAlive计时器。

每次本地系统发送KeepAlive或者Update消息时，重启KeepAlive计时器，除非商议的计时器值是零。

响应Stop事件（通过系统或者操作者初始化），本地系统发送Notificatioin消息，错误码是Cease，改变状态到Idle。

Start事件在Established状态下被忽略。

响应其他事件，本地系统发送Notification消息，错误码是Finite State Machine Error，改变状态到Idle。

无论何时从Established改变状态到Idle，关闭BGP（以及传输层）连接，释放连接占用的所有资源，删除所有连接产生的路由。

5．BGP邻居关系

建立了BGP会话连接的路由器被称作对等体（Peers or Neighbors），对等体的连接有两种模式：IBGP（Internal BGP）和EBGP（External BGP）。IBGP是指单个AS内部的路由器之间的BGP连接，而EBGP则是指AS之间的路由器建立BGP会话。BGP对等体分类如图5-10所示。

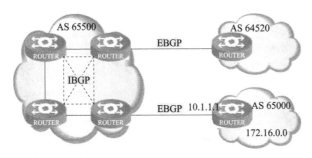

图5-10　BGP对等体分类

前面已经提到，BGP是用来完成AS之间的路由选择的，所以对于BGP来说，每一个AS

都是一个原子的跳度。那么，IBGP又起什么样的作用呢？IBGP用来在AS内部完成BGP更新信息的交换。虽然这种功能也可以由路由引入技术来完成——将EBGP传送来的其他AS的路由引入到IGP中，然后将其引入EBGP传送到其他AS。但是相比之下，IBGP提供了更高的扩展性、灵活性和管理的有效性。比如，IBGP提供了选择本地AS出口的选择方式。

IBGP的功能是维护BGP路由器在AS内部的连通性。BGP规定，一个IBGP的路由器不能将来自另一个路由器的路由发送给第三方IBGP路由器。这也可以理解为通常所说的Split-horizon规则。当路由器通过EBGP接收到更新信息时，它会对这个更新信息进行处理，并发送到所有的IBGP及EBGP对等体；而当路由器从IBGP接收到更新信息时，它会对其进行处理并仅通过EBGP传送，而不会向IBGP传送。所以，在AS中，BGP路由器必须要通过IBGP会话建立完全连接的网状连接，以此来保持BGP的连通性。如果没有实现全网状（Full Meshed）的连接，则会出现连通性上的问题。BGP邻居路由传递如图5-11所示。

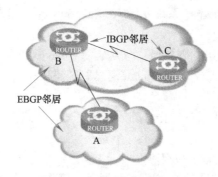

图5-11 BGP邻居路由传递

AS在BGP看来是一个整体，AS内部的BGP路由器都必须将相同的路由信息发送给边界的EBGP路由器。路由信息在通过IBGP链路时不会发生改变，只有在发送给EBGP链路时，才会发生变化。在AS内部，通过IBGP连接的路由器都有相同的BGP路由表，用于存放BGP路由信息，不同于IGP路由表的是，两个表之间的信息可以通过路由引入BGP路由更新的以下基本规则。

1）由EBGP邻居学来的信息肯定会传给另外的EBGP邻居。

2）由EBGP邻居学来的信息肯定会传给IBGP邻居。

3）由IBGP邻居学来的信息不会再传给另外的IBGP邻居。

4）由IBGP邻居学来的信息：

①如果同步关了，那么会传给EBGP邻居。

②如果同步开了，那么先查找自己的IGP。如果IGP里面有这个网络，那么就把这个网络传给EBGP；如果IGP里面没有这个网络，那么就不会传给EBGP邻居。

6．BGP同步

如图5-12所示的网络中，R1与R4建立EBGP连接，R3与R5建立EBGP连接，而R1与R3建立IBGP连接。在R1与R3建立IBGP连接时，R1通过目标地址3.3.3.3找到邻居R3，R1的BGP源地址为1.1.1.1，而R3也通过目标地址1.1.1.1找到邻居R1，R3的BGP源地址为3.3.3.3，为了让1.1.1.1和3.3.3.3能够正常通信，从而建立TCP连接，R1、R2、R3之间启用了IGP OSPF，OSPF的目的只是为了使1.1.1.1能够与3.3.3.3通信，并不传递AS中庞大的路由信息。

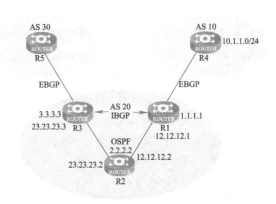

图5-12　BGP同步

当AS10中的R4将网段10.1.1.0/24通告给AS 20中的R1后，因为R1与R3之间是IBGP邻居，所以R1将路由10.1.1.0/24传递给R3，最终R3将路由10.1.1.0/24传递给AS30中的R5。当R5将目的地为10.1.1.0/24的流量发给R3时，R3在查询路由表后得知，去往10.1.1.0/24的数据包需要发给IBGP邻居1.1.1.1才能够到达，于是R3便执行递归查询，查询如何去往1.1.1.1。正因为R1与R3之间的通信是靠OSPF提供的，所以R3得知去往1.1.1.1必须将数据包交给R2，即交给下一跳23.23.23.2，因为R2只运行了OSPF为BGP服务，所以R2没有BGP的路由10.1.1.0/24，当R2发现数据包的目标地址为10.1.1.0/24后，只能将数据包全部丢弃，这就类似于路由黑洞。

从以上情况中可以看出，当BGP设备从IBGP对等体收到路由时，因为邻居之间可能跨越了多台IGP路由器，所以BGP在将数据包发往目的地时，通常会发给一台只运行了IGP的路由器，而只运行IGP的路由器并没有BGP的路由，因而最终导致数据包丢失，造成路由黑洞。要杜绝此类问题的发生，其实答案很明了，就是让AS中只运行IGP的路由器同时也拥有BGP的路由表即可。由于以上原因，在BGP路由传递中，有以下一条规则：当BGP要将从IBGP邻居学习到的路由信息传递给其他邻居之前（这个邻居通常是EBGP邻居），这些路由必须在IGP路由表中也能学到，否则认为此路由无效而不能发给其他邻居。此规则称为IBGP与IGP路由同步。

在图5-12所示环境中，R3将从IBGP邻居R1学习到的路由传递给EBGP邻居R5之前，必须确定这条路由在自己的IGP路由表中也存在，否则不使用该路由。要查看路由在IGP路由表中是否存在，使用命令show ip route即可。

注意，只有从IBGP邻居学习到的路由，才受IBGP与IGP路由同步规则的限制，如果路由是从EBGP邻居学习到的，则不受此规则限制，并且此规则可以手工开启或关闭。

7. BGP路由表与BGP信息的发布

1）当路由器之间建立BGP邻居之后，就可以相互交换BGP路由。一台运行了BGP的路由器，会将BGP得到的路由与普通路由分开存放，所以BGP路由器会同时拥有两张路由表。一张是存放普通路由的路由表，被称为IGP路由表，就是平时使用命令show ip route看到的路由表，IGP路由表的路由信息只能从IGP和手工配置获得，并且只能传递给IGP；另外一张就是运行BGP之后创建的路由表，称为BGP路由表，需要通过命令show ip bgp才能查看，BGP路由表的路由信息只能传递给BGP，如果两台BGP邻居的BGP路由表为空，就不会有任何路由传递。在初始状态下，BGP的路由表为空，没有任何路由，要让BGP传递相应的路由，只能先将该路由引入BGP路由表，之后才能在BGP邻居之间传递。在默认情况下，任何路由都不会自动进入BGP路由表，BGP路由表的路由获得有多种方式，可以从BGP邻居获得，也可以手工将IGP路由引入BGP路由表，还可以将其他路由引入BGP，只要BGP的路由不是从邻居学习到的而是手工导入的，这样的路由就被称为BGP本地路由。

2）因为BGP的邻居类型分为eBGP和iBGP两种，所以BGP路由的AD值也有区分，如果BGP的路由是从EBGP学习到的，AD值为20，可以发现，从EBGP邻居学习到的路由，将优于任何IGP；从IBGP学习到的路由的AD值为200，同样可以发现，此类路由的优先级低于任何IGP。BGP除了以上两种AD值之外，如果BGP路由是从本地手工导入的，即BGP本地路由，则BGP本地路由的AD值为200，与IBGP路由的AD值相同，优先级低于任何IGP协议。

3）如果某一条相同的路由同时从EBGP和IBGP以及本地路由学习到，那么究竟哪条路由会被选择为最优路径呢？路由的AD值并不一定会影响到路径选择，因为BGP并不会在一开始就通过比较AD值来选择最优路径。

（1）路由汇总和聚集

类似于IGP，BGP的auto-summary命令会为任一存在的包含路由创建一条分类汇总路由。不过，与IGP不同的是，BGP的命令只汇总那些由路由引入而注入的路由，不会查询有类网络的边界，也不会查询已在BGP表中的路由，只查询那些通过路由引入和network命令注入的路由。对于路由引入命令而言，当路由引入进程注入有类网络的子网时，不注入该子网到路由表，而是用有类网络替代。对于network命令而言，如果它列出了有类网络号而没有掩码，则只要该有类网络有一个子网存在于路由表，就注入该有类网络。

但是，BGP也可以使用手工汇总来广播汇总路由给邻接路由器，其命令是aggregate-address，与auto-summary命令有所差别。它可以基于BGP表中的任意路由进行汇总，可以创建任意前缀的汇总路由。

聚合路由必须包含AS_PATH路径属性，AS_PATH包含以下4个部分。

1）AS_SEQ（AS序列号）。

2）AS_SET。

3）AS_CONFED_SEQ（AS联合序列号）。

4）AS_CONFED_SET。

最常使用的部分是AS_SEQ，包含了广播路由的所有AS号。

注意，aggregate-address命令可以创建AS_SEQ为空的汇总路由。当汇总路由的包含子网有不同的AS_SEQ值时，路由器不能创建AS_SEQ的准确表示，所以会使用空AS_SEQ。但是，这样也可能会造成路由环路。此时，可以使用AS_SET部分来解决这个问题，AS_SET存放着所有包含子网的AS_SEQ部分的所有ASN的无序列表。

对aggregate-address命令的一些相关性质总结如下。

1）如果BGP表当前不包括汇总路由内的任何NLRI路由，那么它不会创建该汇总路由。

2）如果所有聚集路由的包含子网都被撤销，则该聚集路由也将撤销。

3）在本地BGP表中，设置汇总路由的Next_hop地址为0.0.0.0。

4）广播到邻接路由器时，汇总路由的Next_hop地址设置为路由器对该邻接路由器的更新源IP地址。

5）如果汇总路由内的包含子网拥有相同AS_SEQ，那么汇总路由的AS_SEQ即设为包含子网的AS_SEQ。

6）如果汇总路由内的包含子网拥有不同AS_SEQ，那么汇总路由的AS_SEQ设为空。

7）如果配置了as-set选项，那么路由器会为该汇总路由创建AS_SET部分（仅当汇总路由的AS_SEQ为空时）。

8）如果汇总路由广播到EBGP邻接路由器，那么路由器会附加自身ASN到AS_SEQ。

9）如果使用了summary-only关键字，则会抑制包含子网的广播，如果配置了suppress-map选项，则会广播特定包含子网。

（2）BGP路由信息的注入

每台BGP路由器注入路由到本地BGP表的方法与对IGP的操作类似。

1）使用network命令。

2）由邻接路由器的更新消息学习。

3）由其他路由协议路由引入路由获得。

BGP表的路由注入如图5-13所示。

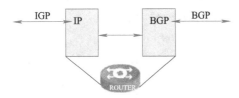

图5-13 BGP表的路由注入

但BGP的network命令与IGP的network命令相比有较大差别。它的作用是：在路由器的当前IP路由表中查找与network命令精确匹配的路由；如果该路由存在，则将相应的NLRI放入本地BGP表。

按照这个定义，本地连接的直连路由、静态路由或IGP路由都可以从IP路由表取出并放入BGP表中。当路由器删除IP路由表的路由时，BGP也会将对应的NLRI从BGP表中删除，并通告邻接路由器该路由被撤销。

BGP的redistribute子命令可以将路由引入静态路由、本地连接路由和IGP路由，其工作原理与IGP的路由引入很类似，只有如下一点细微差别：BGP不通过计算Metric来选择路由，而是通过检查各类路径属性来选择，因此，引入BGP的路由无须考虑Metric的设置。不过，路由器可能需要使用路由映射来操作路由属性，从而影响BGP的决策过程。如果带Metric的路由注入BGP中，BGP会为该Metric分配BGP多出口鉴别器（Multi-Exit Discriminator，MED）路由属性。

在BGP中还可以添加默认路由。

当使用network命令注入默认路由时，到0.0.0.0/0的路由必须已经存在于本地路由表，而且network 0.0.0.0命令是必须的。一旦该默认路由从IP路由表中删除，BGP也会从BGP表中删除该默认路由。

使用路由引入注入默认路由要求附加的配置命令——default-information originate。默认路由也必须存在于IP路由表。

用neighbor的方法注入默认路由并不将默认路由加入本地BGP表，而是将该默认路由广播给指定的邻接路由器。实际上，该方法在默认情况下甚至不检查默认路由是否在IP路由表中。如果有route-map选项，则路由映射会检查IP路由表（不是BGP表）中的记录；如果permit从句匹配，则默认路由广播给该邻接路由器。

8. BGP路由属性

BGP路由属性是BGP 路由的核心概念。它是一组参数，在Update消息中被发给对等体。这些参数记录了BGP路由信息，用于BGP选择和过滤路由。它可以被看作BGP选择路由的度量值（Metric）。

BGP路由属性被分为四类：公认强制（Well-known Mandatory）、公认自决（Well-known Discretionary）、可选传递（Optional Transitive）和可选非传递（Optional Nontransitive）。

（1）公认强制（Well-known Mandatory）

对于任何一台运行BGP的路由器，都必须支持公认强制属性，并且在将路由信息发给其他BGP邻居时，必须在路由中写入公认强制属性。这些属性是被强制写入路由中的，一条不带公认强制属性的路由被BGP路由器视为无效而丢弃，一个不支持公认强制属性的BGP设备，是不正常的、不合法的BGP设备。

公认强制属性包括Origin、Next_hop和AS_path。

（2）公认自选（Well-known Discretionary）

公认自选属性并不像公认强制属性那么严格，任何一台运行BGP的路由器都必须支持公认自选属性，必须理解和认识公认自选属性，但是为路由写入公认自选属性并不是必须的，是否要为路由写入公认自选属性可以自由决定，为路由写上公认自选属性之后，所有BGP路由器都能认识和理解，并且都会自动保留和传递该属性。

公认自选属性包括Local Preference和Atomic Aggregate。

（3）可选可传递（Optional Transitive）

并不是所有运行BGP的路由器都能理解和支持可选可传递属性，路由的可选可传递属性是任意写入的，其他BGP路由器并不一定能理解，也并不一定能保留和传递该属性，但是当为路由设置了可选可传递属性后，可以明确要求BGP路由器保留和传递该属性。

可选可传递属性包括Aggregate和Community。

（4）可选不可传递（Optional Nontransitive）

只有特定的BGP路由器才理解和支持可选不可传递属性，并且可选不可传递属性在理论上是不能手工设置的，即使手工设置了可选不可传递属性，这些属性也不能任意传递，只可以传递到特定的BGP路由器。

BGP路由属性，依次如下。

1）Origin（路由信息的起源）。

2）AS_Path（已通过的AS集或序列）。

3）Next_hop（到达该目的下一跳的IP地址，IBGP连接不会改变从EBGP发来的Next_hop）。

4）Multi_exit_disc（本地路由器使用，区别于其他AS的多个出口）。

5）Local_pref（在本地AS内传播，标明各路径的优先级）。

6）Atomic_aggregate。

7）Aggregator。

其中，1、2号属性是公认强制属性；3、5、6号是公认可选属性；7号是可选传递属性；4号是可选非传递属性。这些属性在路由的选择中，考虑的优先级是不同的，仅就这7个属性来说，其中优先级最高的是Local_pref，接下来是Origin和AS_path。

每个路径属性由1字节的属性标志位、1字节的属性类型、1或2字节路由属性长度和路径属性数据组成。

属性标志位的含义如下。

位0：0表示此属性必选，1表示此属性可选。

位1：0表示此属性为非传递属性，1表示此属性为传递属性。

位2：0表示所有属性均为路由起始处生成，1表示中间AS加入了新属性。

位3：0表示路由属性长度由1字节指示，1表示由2字节指示。

位4～位7：未用，置0。

位0和位1标识了BGP的4类路由属性。

公认强制（00）：BGP的Update报文中必须存在的属性。它必须能被所有的BGP工具识别。公认强制属性的丢失意味着Update报文的差错。这是为了保证所有的BGP工具统一使用一套标准属性。

公认自选（01）：能被所有BGP识别的属性，但在Update报文中可发可不发。

可选可传递（11）：如果BGP工具不能识别可选属性，那么就去找传递属性位。如果此属性是传递的，那么BGP工具就接受此属性，并把它向前传递给其他BGP路由器。

可选不可传递（10）：当可选属性未被识别，且传递属性也未被置位时，此属性被忽略，不传递给其他BGP路由器。

下面介绍具体的BGP路由属性。

（1）Origin属性（Type Code =1，公认强制属性）　Origin属性的分类如图5-14所示。

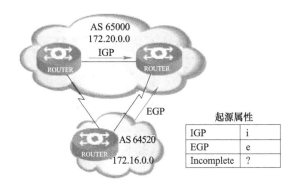

图5-14　起源属性示意

IGP（i）：BGP network 命令发布的路由。

EGP（e）：EGP再发布进入BGP的路由。

Incomplete（？）：IGP或静态路由再引入BGP的路由。

Origin描述了特定NLRI怎样首次注入BGP表。根据注入路由到本地BGP表的方式不同，

BGP有三类Origin路径属性：IGP、EGP或Incomplete。表5-1中比较了这三类Origin。

表5-1 三类Origin

Origin类型	适用于哪些注入路由的命令
IGP	network、aggregate-address（某些情形）和neighbor default-originate命令
EGP	外部网关协议，现已不用
Incomplete	redistribute、aggregate-address（某些情形）和default-information originate命令

aggregate-address命令用到的Origin类型可分为如下几种情形。

1）如果未使用as-set选项，则聚集路由的Origin为i。

2）如果使用了as-set选项，而且所有包含子网的Origin都为i，则聚集路由的Origin为i。

3）如果使用了as-set选项，而且至少有一个包含子网的Origin为"?"，则聚集路由的Origin为"?"。

（2）AS_path属性（Type Code = 2，公认强制属性） BGP的AS_path属性有两种可能的Path Segment Type 值，一种是AS_set，另一种是AS_sequence，通常情况下表现为AS_sequence，即每个EBGP路由器把自己的AS号加在AS_path域的最左边，如图5-15所示。

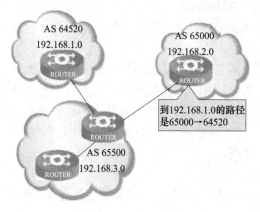

图5-15 AS_path属性

AS路径属性由一系列AS路径段（Segment）组成。每个AS路径段为一个三元组：<路径段类型，路径段长度，路径值>。

路径类型如下。

路径段长度用1字节表示AS号的数量，即最长为255个AS号。

路径值为若干AS号，每个AS号为2字节。

（3）Next_hop属性（Type Code = 3，公认强制属性） 此属性为Update消息中目的地址所使用的下一跳。

Next_hop属性，也是一种Well-known Mandatory属性，描述了宣告到达某个目标地址的路径上，下一跳路由器的IP地址，这个IP地址并不一定就是邻居路由器的地址，这个地址遵循以下法则。

1）如果宣告路由器和接收路由器位于不同的AS（即外部对等层，External Peer），Next_hop属性是宣告路由器接口的IP地址。

2）如果宣告路由器和接收路由器位于相同的AS（即内部对等层，Internal Peer），并且更新中的NLRI所谈到的AS号也是相同的，那么Next_hop属性就是宣告这个路由邻居的IP地址。

　　3）如果宣告路由器和接收路由器位于相同的AS（即内部对等层，Internal Peer），但是更新中的NLRI所谈到的AS号是不同的，那么Next_hop属性就是学习到这个路由外部对等层的IP地址。

　　下一跳属性示意如图5-16所示。

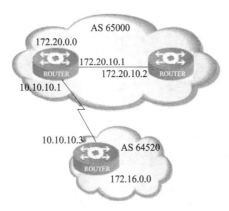

图5-16　下一跳属性示意

　　（4）本地优先级属性（Type Code=5，公认自选属性）　本地优先级属性，4字节无符合整数。它在AS区域内传播，用来帮助一个本AS区域内BGP伙伴选择进入其他AS区域的出口，如图5-17所示。

　　Local_pref也是一条选路属性，它有以下几个特点。

　　1）在到达同一目标网络的多条路径中，Local_pref越大则越优先。

　　2）Local_pref的默认值是100。

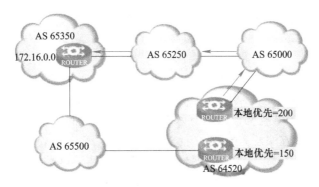

图5-17　本地优先级属性示意

　　（5）Multi_exit_disc属性（Type Code = 4，公认自选属性）　简称MED属性，4字节无符合整数。它在AS区域间传播，用来帮助一个其他AS区域的BGP伙伴选择进入本AS区域的入口，如图5-18所示。

　　BGPv4在RFC1771中做出了规定，并且还涉及其他很多RFC文档。在这一新版本中，BGP开始支持CIDR（Classless Interdomains Routing）和AS路径聚合（Aggregation），这种

新属性的加入，可以减缓BGP表中条目的增长速度。

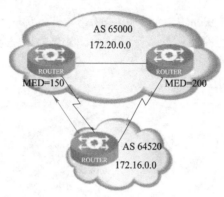

图5-18　MED属性

（6）Atomic_aggregate属性（Type Code = 6，公认自选属性）　聚合属性，长度为零。它表示本地BGP在若干路由中选择了一个较抽象的（Less Specific）路由，而没有选择较具体（Specific）的路由。

（7）Aggregate属性（Type Code = 7，可选可传递属性）　聚合属性，长度为6字节，分别为最后进行路由聚合的路由器AS号（2字节）和IP地址（4字节）。

9．BGP路由决策过程

BGP路由器的一项主要任务，是评价多条从自身出发到特定网络前缀表达的目的地的路径，从中选出最优，应用合适的策略，然后将它通知给所有的BGP邻居。关键问题是如何评价和比较这些不同的路径。传统的距离向量协议（如RIP）中，每条路径只有一个度量。因此，不同路径的比较简化为两个值的比较。AS间路由的复杂性，源自人们在如何评价外部路由的问题上缺少共同认可的度量。于是，每个AS拥有自己的一套对路径的评价指标。

BGP路由器构建的路由数据库，由所有可用的路径和每条路径可达的目标网络的集合（表达为网络前缀）组成。为了达到前面讨论的目的，考虑目标网络所对应的可用路径是有用的。在大多数情况下，人们期望找到唯一一条可用路径。但是，当不是这样时，所有可用的路径应当保存。当主要路径缺失时，保存能以最快的速度收敛（产生新的主要路径）。任何时候，只有主要路径才会被发布。

路径选择过程可以形式化为，对所有可用路径及相对应的目标IP，定义完整的优先级。定义这种优先级的一种方法，是定义一个函数，将每条完整的AS_path映射成一个非负整数，用来表示该路径的优先级。路径选择于是简化为，将该函数应用到所有可用路径，再选择最高的优先级。

在实际的BGP实现中，为路径分配优先级的标准在配置信息中说明。

为路径分配优先级的过程源于以下几个信息。

1）整个AS_path显示的信息。

2）由AS_path和BGP以外信息（如配置信息中的路由策略约束）引申出来的混合信息。

为路径分配优先级的可能标准如下。

1）AS数目。AS越少，该路径越好。

2）策略考虑。BGP对基于策略路由的支持，源于对分布式路由信息的控制。一个BGP路由器可能知道几条策略约束（包括自身AS的内外），选择合适的路径。不遵从策略要求的路径不被考虑。

3）某些AS是否在路径中存在。依靠BGP以外的信息，一个AS可以知道某些AS的一些性能特点（如带宽、MTU和AS间径向距离），然后选择偏爱程度。

4）路径起源。由BGP学习而来的整条路径（也就是说，路径终点与路径的上一个AS在BGP内部）相比那些部分学习自EGP及其他方法的路径，是更优的。

5）AS_path子集。通往同一目的地，一个较长AS_path的子集将受到偏爱。在该较短AS_path中存在的任何问题都也是较长AS_path的问题。

6）链路动态。稳定的路径比不稳定的路径更受欢迎。注意，这个标准应被小心使用，避免出现路由抖动。一般来说，任何依赖于动态信息的标准都可能引发路由不稳定，所以应谨慎对待。

由以上分析，下面总结了BGP选路的基本过程如图5-19所示。

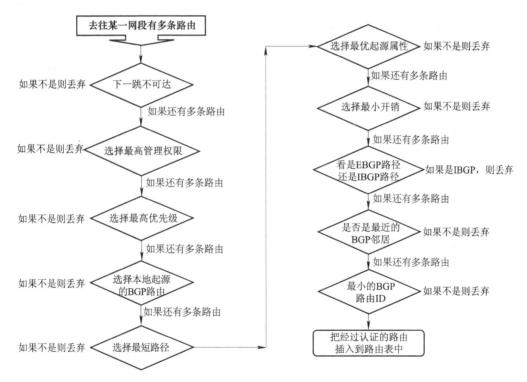

图5-19　BGP选路流程

前提：路由同步、无环路、下一跳可达（优化）。

1）选择最高的本地优先级（Local_pref）。

2）选择本路由器始发的路由（Next_hop=0.0.0.0），如从某网络始发、通过BGP子命令汇集或者通过某个IGP路由引入而来的路由。

3）选择最短的AS路径，注意以下几点。

①如果明确配置了AS_path路径，则此步骤被跳过。

②不论在集合中有多少自治系统，AS_set都为1。

③AS_confed_sequence并不包含在AS_path长度中。

④选择最小的起源Code（IGP < EGP <Incomplete）。

4）选择最小的MED，注意以下几点（这个比较仅出现在两条路径的下一条AS相同的情况下）。

①如果BGP选项——Always-compare-MED处于使能状态，那么所有路径都将比较MED。

②如果BGP选项——Bestpath MED-confed处于使能状态，那么所有仅由AS_confed_sequence组成的路径都要比较MED值。

③如果从一个邻居得来的路径MED值为4294967295，那么它被插入BGP表时将被更改为4294967294。

④如果一条路径没有MED值，则它们将被分配MED为0，但有一种情况例外，就是BGP选项——Bestpath Missing-as-worst被使能的情况下，MED值被分配为4294967294。

5）BGP的命令deterministic med，也可能影响到这个步骤。

6）选择从EBGP邻居学到的路由（优于IBGP）。

7）选择到达BGP下一跳的最短路由（根据IGP路由选择）。

8）选择从EBGP邻居学到最老的路由（Oldest Route，意为邻居计时器的值更大），maximum-paths n命令可以使BGP最多选择最近接收的n条路由进入路由表中，n的最大值为6。

9）选择最小的邻居路由器Router ID，这个值是一台路由器的最高IP地址，一般设置一个Loopback地址作为路由器ID，也可以使用专门的命令设置。

10）选择最小的邻居路由器IP地址（BGP Neighbor配置那个地址）。

5.2　BGP基本配置

1．启动BGP

全局配置模式：

```
router bgp <as-number>
```

2．指定BGP邻居

BGP协议配置模式：

```
neighbor <ip-addr> remote-as <number>
```

其中，ip-addr表示IP地址，number表示自治系统号。配置邻居的IP地址，remote-as后的AS号如果与前面配置的相同，则是IBGP邻居，否则是EBGP邻居。

3．BGP中网络通告

1）用network命令通告路由。

BGP配置模式：

```
network <network-number> <net-mask>
```

其中，network-number表示控制哪个网络始发于这台路由器，可以使用net-mask来标识掩码。

扫码看视频

在BGP中，使用network命令可以通告本路由器已知的网络，即可以通过直连路由、静态路由和动态路由学习到的网络。network命令在BGP中的使用不同于在IGP中的使用。

2）用redistribute命令将其他路由协议学习到的路由再分配到BGP中。

  Redistribute *<prot-name>* [metric*<value>*][route-map *<string>*]

使用redistribute命令可以将IGP（RIP、OSPF和ISIS）的路由再分配到BGP中。使用redistribute命令时要防止IGP从BGP学习到的路由再次分配到BGP中，必要时使用过滤命令防止环路发生。下面是一个使用路由重分配的方式在BGP中通告路由的例子，如图5-20所示。

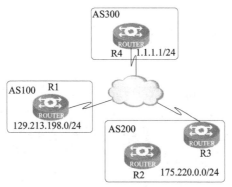

图5-20　路由重分配注入配置

```
DCR_R3（config）#router ospf 1
DCR_R3（config-router）#network 175.220.0.0 area 0
DCR_R3（config）#router bgp 200
DCR_R3（config-router）#neighbor 1.1.1.1 remote-as 300
DCR_R3（config-router）#redistribute ospf
```

3）分配静态路由到BGP中。对于重分配的BGP中的静态路由，在路由表中显示路由源为incomplete。

图5-21所示为一个BGP配置实例。其中，路由器R1属于自治系统100，路由器R2属于自治系统200。

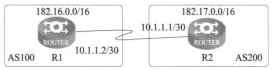

图5-21　静态路由注入配置

R1的配置：

```
DCR_R1（config）#router bgp 100
DCR_R1（config-router）#neighbor 10.1.1.1 remote-as 200
DCR_R1（config-router）#network 182.16.0.0 255.255.0.0
```

R2的配置：

```
DCR_R2（config）#router bgp 200
DCR_R2（config-router）#neighbor 10.1.1.2 remote-as 100
DCR_R2（config-router）#network 182.17.0.0 255.255.0.0
```

4．BGP邻居身份认证

1）显示BGP模块的配置信息：

```
show ip bgp protocol
```

2）查看BGP邻接关系，显示当前邻居状态：

    show ip bgp neighbor {in|out}<*ip-addr*>

3）显示BGP路由表中的条目：

    show ip bgp route[network <*ip-addr*>[mask <*net-mask*>]]
    show ip bgp route detail

4）显示所有BGP邻居连接的状态：

    show ip bgp summary

5.3　BGP高级配置

1．BGP地址聚合

路由表的大小可以影响到路由器的转发速度。对于拥有庞大路由表的BGP路由设备，如果能够尽可能地减少其路由表的大小，那么路由器性能可以得到明显的提高。减少路由表的条目，缩小路由表的空间，可以通过使用对路由设备做路由汇总来实现，在BGP中，称为路由聚合。在BGP中做路由汇总，需要手工创建，只要有一条路由包含在汇总路由中，那么这条汇总路由即可生效。

当创建了BGP汇总路由后，并不表示一定能够缩小路由表，因为在创建汇总路由后，被汇总的明细路由默认依然会通告给邻居，所以路由条目并没有减少，路由表的大小也就没有缩小。对于被包含在汇总路由中的明细路由是否需要通告给邻居，是可以自定义的，只要将某些路由抑制住，那么这些路由就不会通告给邻居，也可以选择抑制所有明细路由而只发送汇总路由给邻居。

因为汇总路由往往包含多条明细路由，而这些明细路由可能会拥有各不相同的AS_path属性。在默认情况下，汇总路由会将所有明细路由的AS_path全部去掉，当汇总路由发给其他邻居之后，由于AS_path的丢失，所以很有可能造成路由环路，因此BGP会在汇总路由中附加一定的属性来提示该路由产生了路径丢失，需要BGP路由器额外小心，这个属性就是Atomic-aggregate。如图5-22所示，R3虽然将1.1.0.0/16至1.255.0.0/16汇总为1.0.0.0/8但却将经过的AS 35、AS 15的AS_path属性全部丢弃了，只对邻居宣告经过AS 45，造成了AS_path路径缺失。

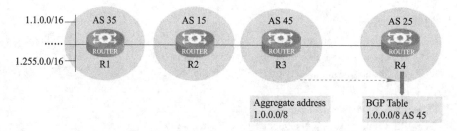

图5-22　BGP路由聚合1

在BGP中创建汇总路由之后，默认会去掉明细路由中的所有AS_path，但也可以选择让汇总路由保留所有明细路由的AS_path，这个在汇总路由中的AS_path称为AS-SET，AS-SET

包含了所有明细路由的所有AS_path，而这些AS_path的排列是没有固定顺序的，并且放在括号中，如AS 15、AS 35，变成AS-SET后，很有可能就是{35，15}。由此可见，拥有AS-SET的汇总路由没有丢失路径，所以这样的汇总路由就不需要携带Atomic-aggregate属性，也不会携带Atomic-aggregate属性。汇总路由是否使用AS-SET，可以自由决定。因为AS-SET中可能包含多个AS，但即使一个AS-SET中有多个AS，但在计算AS_path长度时，只被计算为1个AS。如图5-23所示，R3加入了AS-SET配置，R3再向R4通告时，AS_path完整地保留了下来，{35，15}是到达目的网络所经过的AS号。

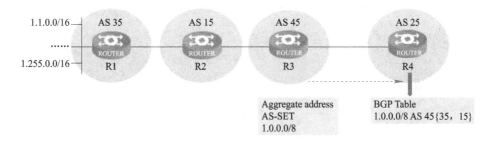

图5-23　BGP路由聚合2

2．BGP路由反射器

BGP在将路由发给EBGP邻居时，会将自己的AS号码添加到AS_path中，可以此来防止环路，而在将路由发给IBGP时，是不会往AS_path添加AS号码的，因此在IBGP之间传递路由时，没有防止环路的机制。考虑到为IBGP之间的路由传递加入防环机制，因而在AS内部强制将BGP路由只传一跳，导致一台BGP路由器从EBGP邻居收到路由时，发给IBGP邻居之后，IBGP邻居收到就不再传给其他任何IBGP邻居了，而只能传递给EBGP邻居，最终导致AS内部邻居过多，很难保证每台路由器都能收到所有路由。

如图5-24所示的环境中，R1从EBGP邻居R5收到路由后，可以传递给IBGP邻居R2，而R2为了防止环路，不能将从IBGP邻居R1收到的路由传递给IBGP邻居R3，最后导致BGP路由器R3和R4都不能拥有完整的BGP路由表。

为了解决AS内不能将从IBGP邻居收到的路由发给IBGP邻居的问题，需要通过创建全连接的邻居关系，将所有IBGP邻居都与拥有EBGP邻居的路由器建立邻居。这种方法工作烦琐且消耗系统资源，需要所有路由器都与R1建立邻居，从而使R1成为单点故障，如图5-24所示。

除了创建全连接的BGP邻居关系外，还可以使用BGP Reflector（BGP反射器）的方式来将从IBGP邻居学习到的路由传递给其他IBGP邻居。

BGP Reflector可以将自己的任何BGP路由反射给自己的Client，从而可以突破IBGP路由传递的限制，具体规则如下。

1）从EBGP邻居学习到的路由会发送给所有Client和所有非Client，也就是发给所有邻居。

2）从非Client学习到的路由将发送给所有Client。

3）从Client学习到的路由将发送给所有Client和所有非Client，也就是发给所有邻

居。BGP Reflector和自己的Client称为一个Cluster，如图5-25所示。

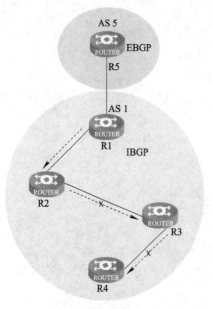

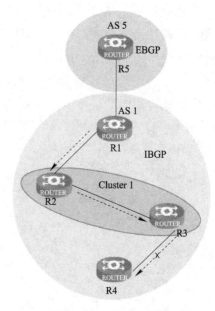

图5-24　BGP对等体路由传递　　　　　　　　图5-25　BGP反射器

　　将R2配置为BGP Reflector，R3配置为Client，那么R2和R3就是一个Cluster。在配置BGP Reflector时，只需要在Reflector上配置参数，而不需要在Client做任何配置，所以Client并不知道自己是Client，因此一个Cluster的Client，同样还可以配置成另一个Cluster的Reflector，类似于嵌套，如图5-26所示。

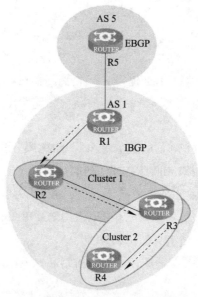

图5-26　BGP双反射器

　　在Cluster 1中，R2为Reflector，R3为Client，因为R3并不知道自己是Client，所以又将R3配置成Cluster 2中的Reflector，并将R4配置成Cluster 2中的Client。最终因为Reflector R2收到

了R1的路由,将所有路由发给Client R3,又因为R3也是Reflector,再将路由发给Client R4,并将所有从R4的路由也发送给R2,最后所有路由器都拥有全网的路由。

一个AS中可以有多个Cluster,所以为了防止环路,引入了类似于AS_path的技术,一个Cluster拥有一个唯一的Cluster ID,这个Cluster ID默认就是Reflector的Router-ID,也可以随意设置,并且一个Cluster中可以有多个Reflector互为备份,所以当一个Cluster中有多个Reflector时,Cluster ID必须手动设置。Reflector在将路由反射出去时,都会写入自己的Cluster ID,在路由发送到其他Cluster后,其他Reflector在写入自己的Cluster ID时,还会保留之前的Cluster ID,就像保留AS_path一样,如果收到一条路由带有与自己相同的Cluster ID,说明路由发回了原来的Cluster,则认为环路产生,将接收到的路由丢失,以此来防止环路。

除了Cluster ID外,路由还带有Originator ID,这个Originator ID是产生这条路由的路由器的Router-ID,发回起源路由器,也认为环路产生,则被丢弃。若路由是从其他AS发过来时,Originator ID就是AS边界接收的第一台BGP路由器。

3. BGP联盟

为了解决从IBGP邻居收到的路由不能转发给其他IBGP邻居的问题,除了可以使用在IBGP邻居之间创建全互联的邻居关系和使用BGP Reflector之外,还可以使用BGP Confederation(BGP联盟)。

因为只有从IBGP邻居收到的路由才不能转发给其他IBGP邻居,而从EBGP邻居收到的路由可以转发给任何邻居,包括IBGP邻居,所以在拥有多个路由器的大型AS中,BGP Confederation采用在AS内部建立多个子AS的方法,从而将一个大的AS分割成多个小型AS,让AS内部拥有足够数量的EBGP邻居关系来解决路由限制问题,如图5-27所示。

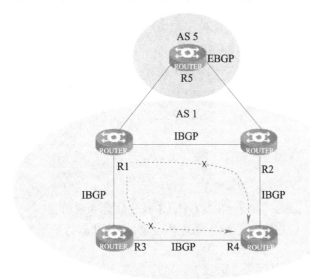

图5-27 BGP对等体路由传递规则

在图5-27中,当R3从IBGP邻居R1收到路由后,不能再转发给IBGP邻居R4,而R2的EBGP邻居R5收到R1的路由后,因为拥有自己的AS号码,最后将路由丢弃而不转发给R4,最终造成R4拥有不完整的路由表,同样R3也像R4一样不能拥有完整的路由表。

对于上述问题，可以创建全连接的BGP邻居关系，或者在R3和R4上配置BGP Reflector来解决。除此之外，还可以使用在AS内部创建BGP Confederation的方法来解决，如图5-28所示。

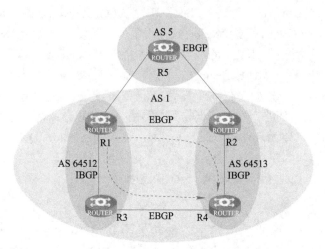

图5-28　BGP联盟

在图5-28中，通过BGP Confederation的方式在R1与R3之间创建子AS 64512，而在R2与R4之间创建子AS 64513，这样一来，在R1将全部路由发给R3以及R2将全部路由发给R4之后，因为R3与R4是EBGP邻居的关系，所以R3与R4之间可以任意转发BGP路由信息，从而使双方都拥有完整的全网路由表。

使用BGP Confederation在AS内部创建子AS时，建议使用私有AS号码，范围是64 512～65 534。所有BGP Confederation内部的子AS对于外界都是不可见的，R1与R2在AS 1中分别为AS 64512和AS 64513，但是对于R5来说，R1和R2都为AS 1，而AS 64512和AS 64513对于R5来说是透明的，外界并不知道AS内部是否创建了BGP Confederation，对于子AS的号码只在AS内部传递路由时才会添加到AS_path中，在导出AS时，这些子AS号码是不会写入AS_Path的。

注意：

1）在路径属性中，联盟内部的子AS是不被AS_path计算在内的。

2）在选路规则中，比较EBGP与IBGP邻居类型时，AS内部的子AS之间是不作为EBGP与IBGP邻居类型比较的。

4．BGP团体

BGP Community只是BGP路由可以携带的一种属性，是BGP中的一个可选可传递属性（Optional Transitive），所以可以选择为路由配置Community，也可以不配置。但如果配置，则Community需要明确要求BGP路由器保留和传递该属性，否则邻居收不到路由的Community属性。

Peer Group是用来简化BGP邻居配置的，而BGP Community则可以简化BGP路由在某方面的配置。对于Community属性，它只是BGP路由中携带的一个标签而已，可以分成不同的类别，分为Well-known Community和私有Community，也可以分为标准Community和扩展Community（Extended Community），它们的区别如下。

Well-known Community

Well-known Community被所有BGP路由器认识和理解，并且必须对携带Well-known Community的路由做相应的操作，BGP拥有4个预先定义的Well-known Community，分别如下。

No-export：不将路由发给任何EBGP邻居，也就是只能将该路由在本AS内部传递。

No-advertise：不将路由发给任何BGP邻居。

Internet：可以将路由发给任何BGP邻居。

Local-as：同No-export，即不将路由发到AS外。

注意：Well-known Community为固定格式，不可自定义，只能使用预定义的格式。

私有Community

私有Community可以理解为BGP路由的自定义标签，所以可以通过为BGP路由配置私有Community来配置任何自定义的标签，该标签可以在任何时候被使用。例如，一台BGP路由器为某个Community标签配置策略后，所有携带该Community标签的路由都将获得相应策略。

在正常情况下，BGP路由器要对某些一定范围内的路由配置策略，必须使用Prefix List或ACL匹配所有符合条件的路由，调用之后再配置相应策略，如果是网络中所有路由器都要对这些路由设置策略，那么就必须在网络中每台设备上单独使用大量重复的配置将路由匹配出来，再做相应策略，工作烦琐并且容易出错，而在使用私有Community之后，就可以将特定的路由设置私有Community，并将其传递给所有邻居，最终所有路由器都对拥有该私有Community的路由配置策略，并且对大量路由设置私有Community只需要在一台路由器上完成后，发给所有邻居即可，可见私有Community可以减少网络中路由器对相同路由的匹配动作，这就是标签的效果。

私有Community的类型为数字，长度为32bit，但被分为两种格式：单个32bit，如123、666；或者2字节长度的AS号码加两字节普通数字，称为AS:NN格式，范围为1:0至65 534:65 535。

默认路由器支持单个32bit格式，若要支持AS:NN格式，则必须开启BGP-Community New-Format功能。

标准Community

标准Community就是普通路由可以设置的Community，包括上面提到的Well-known Community和私有Community。

扩展Community（Extended Community）

扩展Community为MPLS中的VRF路由传递所定义的，详细见多协议标签交换（MPLS）协议。

注意：BGP Community必须明确要求传递，否则邻居收不到相应Community。

要匹配携带Community的路由，方法为使用Community List，并且有数字List和命名List两种，每两条语句之间相隔10，以10递增，一组数字List最多支持100条语句，而命名List则不受此限制，但并不是所有IOS都支持命名List。在使用Community List匹配指定路由条目后，则可使用Route-map来调用Community List，从而为指定路由设置相应参数和策略，最终应用该Route-map。

注意：Community可以传递的距离不受限制，邻居可以再传给其他邻居，Community可以被多个路由器多次使用。

5.4　本章小结

- ➢ BGP基本概念以及常用术语。
- ➢ BGP消息与状态机。
- ➢ BGP属性分类和定义。
- ➢ BGP路由发布及优选策略。
- ➢ BGP同步。
- ➢ 配置BGP路由聚合解决路由表庞大的问题。
- ➢ 配置BGP反射和联盟解决IBGP全连接的问题。
- ➢ 配置BGP团体属性掌握其团体属性的特性。

5.5　习题

1）用network命令将OSPF路由注入BGP后，其Origin属性为（　　）。

    A. IGP　　　　　　B. EGP　　　　　　C. Incomplete　　　　D. ASE

2）对BGP特性的描述正确的是（　　）。

    A. 支持CIDR　　　　　　　　　　　B. 属于IGP

    C. 支持VLSM　　　　　　　　　　　D. 主要用于两个Area之间

3）BGP的AS_path属性是（　　）。

    A. 公认强制　　　B. 公认自选　　　C. 可选可传递　　　D. 可选不传递

4）以下哪种BGP邻居状态说明BGP发言者没有到达BGP对等体IP地址的路由？（　　）

    A. Active　　　B. Idle　　　　C. Establish　　　D. Full

5）以下哪条BGP路由优选原则是正确的？（　　）

A．Local_pref>AS_path>Origin>MED

B．Origin>AS_path>Local_pref>MED

C．Local_pref>AS_path>MED>Origin

D．Origin>Local_pref>MED>AS_path

6）下列哪些属性不属于BGP公认的团体属性？（　　　）

A．No_export

B．No_advertise

C．No_import_subconfed

D．Internet

7）以下关于BGP反射的相关概念正确的是（　　　）。

A．配置路由聚合，可以减小对等体路由表中的路由数量

B．BGP支持手动聚合和自动聚合两种聚合方式

C．自动聚合是按照自然网段进行聚合，且只能对IGP引入的子网路由进行聚合

D．配置手动聚合后，BGP将不再发布子网路由，而是发布聚合后的自然网段的路由

8）以下关于BGP反射的相关概念正确的是（　　　）。

A．在一个反射集群中最多可以有两个路由反射器

B．客户机和路由反射器之间建立EBGP连接

C．客户机之间需要建立IBGP连接才能实现在客户机之间传递（反射）路由信息

D．位于相同集群中的每个路由反射器都要配置相同的集群ID，以避免路由环路

9）以下关于BGP联盟的说法错误的是（　　　）。

A．每个子自治系统内部的 IBGP对等体建立全连接关系

B．子自治系统之间建立联盟内部EBGP连接关系

C．联盟内部并不需要所有BGP发言者都支持联盟功能

D．在大型BGP网络中，路由反射器和联盟可以被同时使用

第6章 MPLS技术基础

20世纪90年代初，随着Internet的快速普及，数据量日益增大，而由于当时硬件技术的限制，采用最长匹配算法、逐跳转发方式的传统IP转发路由器逐渐成为限制网络转发性能的一大瓶颈，因此快速转发路由器技术成为当时的研究热点。ATM技术在解决该问题上被给予众望，但由于其技术复杂，成本高昂让人望而却步。在这种情形下，迫切需要一种介于IP和ATM之间的技术以适应网络发展的需要。

学习完本章，应该能够达到以下目标。

➢ 了解MPLS技术产生的背景。

➢ 掌握MPLS技术的实现原理。

➢ 理解MPLS的标签分配、数据转发过程。

6.1 MPLS介绍

IP网络的出现给人们的生活带来了极大的方便，但是随着人们需求的不断扩大，IP网络就越来越不能满足人们的需求了，像如何实现端对端的转发和控制、如何实现更高的带宽、如何实现实时性业务等问题一直困扰着人们。基于标记交换的ATM技术曾经一度被人看好，因为它是通过标签交换技术在整个网络中传送信元的，在ATM中，一个固定长度的信元包含了5字节的头部和48字节的有效负荷。ATM信元涉及信元所存在的虚链路。在整个网络中，ATM的每一跳传递方式都是一样的，即头部中的"标签"值每一跳都会改变。虽然ATM能够提供多种业务的交换技术，但是由于实际的网络中人们已经普遍采用IP技术，纯粹的ATM网络是不可能解决任何问题的，反而使网络本身变得更加复杂。因此人们就考虑是否能够提供一种像ATM一样的IP技术。终于，MPLS为网络带来新的转机，因为MPLS是一种将ATM特性与IP结合的新模式，它吸收了ATM的VPI/VCI交换思想，无缝地集成了IP路由技术的灵活性和2层交换的简捷性，在面向无连接的IP网络中增加了MPLS这种面向连接的属性。采用MPLS建立虚连接的方法，为IP网络增加了一些管理和运营手段。同时，MPLS还具备如下优势。

1）使用一个统一的标准网络架构。

2）比在ATM中集成IP更好。

3）脱离边界网关协议（BGP）的核心。

4）对等体到对等体的MPLS VPN模型。

5）最优的数据传输。

6）流量工程。

6.2   MPLS 报头

MPLS是多协议标签交换的缩写，路由交换设备通过在其相互之间通告MPLS标签来创建标签到标签的映射关系。这些标签都粘贴在IP报文中，并在2层报头和IP层之间。所以，MPLS并不能很好地完全跟OSI模型匹配，可以最简单地理解为MPLS是2.5层协议。

如图6-1所示，MPLS标签报头有32bit，并且由统一的标准结构构成，其中：前20bit用作标签（Label），标签值的范围为0～1 048 575，但是，其中前16bit是不能随便定义的，因为它们有特定的含义；20～22的3bit是EXP，协议中没有明确，通常用作COS；1bit的S，用于标识是否是栈底，其值应该为0，除非这是栈底的标签，如果是，那么该位将应该被置为1；24～31的8bit是用作生存周期（TTL）。这里的TTL和IP报文头部中TTL的功能是完全相同的，每经过一跳后，TTL的值就减1，其主要的功能是避免路由环路。一旦标签中的TTL值减少到0，该报文就会被丢弃。

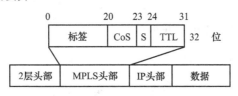

图6-1   MPLS标签报头结构

在报文头部的MPLS标签可能不止一个，而多标签就是通过将标签集合到标签栈的方式来实现的，在标签栈中的第一个标签为顶部标签，而最后一个称为底部标签。

6.3   MPLS标签交换

标签交换路由器（Label Switching Router，LSR）是MPLS网络中的基本元素，它能够识别MPLS标签，并且在数据链路上接收和传输带标签的报文。MPLS网络中存在以下3种类型的LSR。

1）入站LSR——入站LSR接收尚未打上标签的报文，在报文前端插上标签以后再将该报文发送到数据链路中去，入站LSR是边缘LSR。

2）出站LSR——出站LSR接收带标签的报文，在移除标签以后再将该报文发送到数据链路中去，出站LSR也是边缘LSR。

3）链路中LSR——链路中LSR接收到带标签的报文后，对其进行操作，然后再将该报文按正确的数据链路交换和发送出去。

LSR是可以基于数据中的标签值来转发数据的设备，它对IP报文添加标签，然后按照LSP转发数据；或者对MPLS数据删除标签，按照IP路由转发数据。每个LSR必须分配一个全局唯一的标识符（LSR ID），通常取LSR一个接口的IP地址。假设LSR RouterA和RouterB与标签L和FEC F之间的映射关系达成一致，数据可以利用标签L从RouterA转发到RouterB，则把RouterA称为上游LSR，RouterB称为下游LSR。也就是说，数据总是从上游LSR向下游LSR转发。

6.4　标签交换路径

标签交换路径（LSP）是LSR在MPLS网络中转发所经过的路径，在一条LSP上，沿数据传送的方向，相邻的LSR分别称为上游LSR和下游LSR。一条LSP中的第一台LSR是入站LSR，而LSP中最后一台LSR是出站LSR。所有的入站和出站LSR之间的LSR都是链路中LSR。LSP是单向的。

6.5　转发等价类

MPLS作为一种分类转发技术，将具有相同转发处理方式的数据归为一类，称为FEC（Forwarding Equivalence Class，转发等价类）。相同FEC的数据在MPLS网络中将获得完全相同的处理。FEC是一组三层报文，它们在同样的路径上，按照相同的转发动作，以相同的模式被转发。转发决定可以分为以下两步。

1）分析数据头并将数据分成FEC。

2）将FEC映射到下一跳。

在传统IP转发网络中，每台路由器对相同数据都要进行FEC分类和选择下一跳。FEC可以包含一个或多个FEC单元，每个FEC单元是一组可以映射到相同LSP的三层报文。

FEC的划分方式非常灵活，可以是源地址、目的地址、源端口、目的端口、协议类型和VPN等任意组合。例如，在传统的采用最长匹配算法的IP转发中，到同一个目的地址的所有报文就是一个FEC。

6.6　标签分发协议

如果让报文能够在MPLS网络中穿越标签交换路径（LSP），那么所有的LSR都必须运用标签分发协议（LDP）来进行标签捆绑交换。当所有的LSR都为每一个转发等价类分配了特定的标签后，报文就能够在LSP中转发了，这是通过报文在每一个LSR上进行标签交换的方式来实现的。每一台LSR通过查找LFIB来确定标签操作（交换、添加和移除）。LFIB是一张带标签报文的转发表，这张表是通过LFIB中的部分绑定标签所构成的。LIB则是一张带标签报文的转发表，是通过LIB中的部分绑定标签所构成的。而LIB则是通过LDP、资源预留协议（RSVP）和MP-BGP接收的，或者是静态分配的标签捆绑所构成的。其中只有LDP才能为所有的内部路由条目分发标签。但是所有直连的LSR之间必须建立LDP会话或者LDP对等关系，因为LDP会话可以交换标签影射信息。

LDP与IP中的动态协议较为类似，同样具备报文、邻居表项和标签映射通告等要素。

当两台LSR都运行了LDP，并且共享一条或多条链路的时候，它们可以通过Hello报文发现对方。然后，它们会通过TCP连接建立一个会话。LDP就在这个TCP连接中的两个LDP对等体之间通告标签映射信息。这些标签映射信息用来通告、修改或者撤销标签捆绑。LDP提供了通过发送通知消息的方法来向LDP邻居进行查询和错误信息通报的方式，具体过程如图6-2所示。

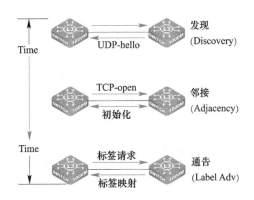

图6-2　LDP的会话过程

那么标签是怎样分发和管理的？

在图6-3所示的LSP上，LSR A为LSR B的上游LSR。

标签的分发过程有两种模式，主要区别就在于标签映射的发布是上游请求（DoD）还是下游主动发布（DU），下面分别详细描述这两种模式的标签分发过程。

（1）DoD（Downstream-on-Demand）模式

上游LSR向下游LSR发送标签请求消息（Label Request Message），其中包含FEC的描述信息。下游LSR为此FEC分配标签，并将绑定的标签通过标签映射消息（Label Mapping Message）反馈给上游LSR。

下游LSR何时反馈标签映射消息，取决于该LSR采用的标签分配控制方式。

1）采用Ordered方式时，只有收到它的下游返回的标签映射消息后，才向其上游发送标签映射消息。

2）采用Independent方式时，不管有没有收到它的下游返回的标签映射消息，都立即向其上游发送标签映射消息。

上游LSR一般是根据其路由表中的信息来选择下游LSR。如图6-3所示，LSP沿途的LSR都采用Ordered方式。

（2）DU（Downstream Unsolicited）模式

下游LSR在LDP会话建立成功后，主动向其上游LSR发布标签映射消息。上游LSR保存标签映射信息，并根据路由表信息来处理收到的标签映射信息。

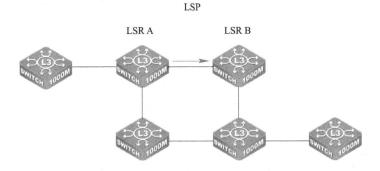

图6-3　标签上下游

6.7　MPLS VPN

目前MPLS网络中最为流行和最为广泛使用的是MPLS VPN（MPLS虚拟私有网络）技术，对于MPLS VPN技术的应用从它诞生到现在一直以来都是成指数级的增长。因为MPLS VPN可以提供高扩展性，并且可以将整个网络分割成相互独立的小网络，而该技术正是大型企业网络所需要的，因为大型企业网络的通用架构必须能为单独的部门或不同的分部进行隔离，因此现在MPLS VPN技术已经被大型企业所看重。

1. 虚拟专用网（Virtual Private Network，VPN）

VPN是在Internet网络中建立一条虚拟的专用通道，让两个远距离的网络客户能在一个专用的网络通道中相互传递资料而不会被外界干扰或窃听。

所谓虚拟，是指用户不再需要拥有实际的长途数据线路，而是使用Internet公众数据网络的长途数据线路。所谓专用网络，是指用户可以为自己定制一个最符合自己需求的网络。

按照以前的企业互联方式，企业与其子公司之间要建立一根专线，而每年却需为这根专线支付昂贵的专线费，如若改用VPN方案，利用Internet组建私有网，将大笔的专线费用缩减为少量的市话费用和Internet费用，如果愿意，企业甚至可以不必建立自己的广域网维护系统，而将这一繁重的任务交由专业的ISP来完成。

MPLS VPN能够提供所有上述VPN中所提到的功能。MPLS VPN的实现是因为服务提供商的骨干网络中运行了MPLS，这就使得该骨干网络可以支持分离的转发层面和控制层面，而该特性在IP的骨干网络中是无法实现的。

MPLS VPN网络构成如图6-4所示。

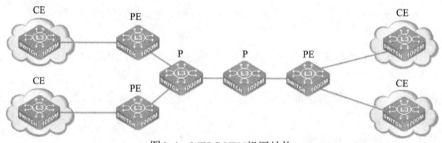

图6-4　MPLS VPN组网结构

MPLS VPN中由CE、PE和P三部数据组成。

1）P路由器（Provide Router）：供应商路由器，位于MPLS域的内部，可以基于标签交换快速转发MPLS数据流。P路由器接收MPLS报文，交换标签后，输出MPLS报文。

2）PE路由器（Provide Edge Router）：供应商边界路由器，位于MPLS域的边界，用于转换IP报文和MPLS报文。PE路由器接收IP报文，压入MPLS标签后，输出MPLS报文；并且接收MPLS报文，弹出标签之后，输出IP报文。PE路由器上，与其他P路由器或者PE路由器连接的端口被称为"公网端口"，配置公网IP地址；与CE路由器连接的端口被称为"私网端口"，配置私网IP地址。

3）CE路由器（Customer Edge Router）：用户边界路由器，位于用户IP域边界，直接和PE路由器连接，用于汇聚用户数据，并把用户IP域的路由信息转发到PE路由器。

CE和PE的划分主要是根据SP与用户的管理范围，CE和PE是两者管理范围的边界。

当CE与直接相连的PE建立邻接关系后，CE把本站点的VPN路由发布给PE，并从PE学到远端VPN的路由。CE与PE之间使用BGP/IGP交换路由信息，也可以使用静态路由。

PE从CE学到CE本地的VPN路由信息后，通过BGP与其他PE交换VPN路由信息。PE路由器只维护与它直接相连的VPN的路由信息，不维护服务提供商网络中的所有VPN路由。

P路由器只维护到PE的路由，不需要了解任何VPN路由信息。

当在MPLS骨干网上传输VPN流量时，入口PE作为Ingress LSR（Label Switch Router），出口PE作为Egress LSR，P路由器则作为Transit LSR。

2．BGP/MPLS VPN

到目前为止，BGPv4（BGP版本4）仍然是个非常成熟的协议，已经成为域间路由的标准使用协议。BGP非常适合承载成百上千条路由协议，并且能够对稳定性提供很好的支持。同时它具有良好的可扩展性，可以实施扩展策略的路由协议，所以选择BGP来承载MPLS L3 VPN的路由。

实现MPLS L3 VPN还需要解决一些基本问题，包括VRF、路由区分器（RD）、路由对象（RT）等。

3．全新的路由转发表VRF

VRF（VPN Routing & Forwarding Instance，VPN路由转发实例）由VPN路由表和VPN IP转发表（转发表中包含了MPLS封装信息）组成，是实现MPLS VPN数据转发的核心表项。在PE上的每一个VPN有自己独立的一个VRF实例，不同VPN的VRF地址空间可以重叠。在MPLS VPN网络中，一个PE通常包含多个独立运作的VRF，一个PE维护了一张IP路由表，同时由于在PE上的路由需要被相互隔离，以确保对每一个用户VPN的私有性，所以为每一个连接到PE的VPN维护了一张VRF，在PE上，指向CE的接口只属于一个VRF，同样地，所有在VRF接口上收到的IP报文都属于这个VRF，如图6-5所示。

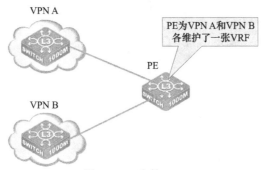

图6-5　PE上的VRF

4．路由区分器（RD）

由于BGP/MPLS VPN提供私密性，支持不同用户之间使用重叠的IP地址，如果没有保障机制来区分，那么路由肯定会产生错误。为了解决这个问题，RD被定义为让IPv4前缀唯一。其基本原理就是每一个用户收到一个前缀都会有一个唯一的标识符（即RD）来区分来自不同用户的相同前缀。这种IPv4前缀和RD的前缀结合在一起的形式被称为VPNv4前缀，而BGP/MPLS VPN需要将这些VPNv4前缀在PE之间进行传递。

在IPv4地址加上RD之后，就变成VPN-IPv4地址族了。理论上可以为每个VRF配置一个RD，但要保证这个RD全球唯一，通常建议为每个VPN都配置相同的RD。如果两个VRF中存在相同的地址，但是RD不同，则两个VRF一定不能互访，间接互访也不可以。PE从CE接收的标准的路由是IPv4路由，如果需要发布给其他PE路由器，则需要为这条路由附加一个RD。VPN-IPv4地址仅用于服务供应商网络内部。在PE发布路由时添加，在PE接收路由后放在本地路由表中，用来与后来接收到的路由进行比较。CE不知道使用的是VPN-IPv4地址。在其穿过供应商主干时，VPN数据流量的报头中没有携带VPN-IPv4地址。

5．路由对象（RT）

RD仅标识VPN的唯一性，如果在不同的VPN场点之间进行通信则会出现问题，假如VPN A的一个Site无法和VPN B的一个site之间进行通信，这是由RD不匹配造成的，让VPN A的一个Site和VPN B的一个Site之间进行互访，这被称为外部VPN。同一个VPN之间的Site互相通信被称为内部VPN。解决VPN的外部通信问题是由BGP/MPLS VPN的另一个特性RT所决定的。

RT也是BGP的扩展，它能标明哪些路由需要从MP-BGP中注入VRF，PE路由器上的VPN实例有以下两类RT属性。

1）Export Target属性：本地PE在把从与自己直接相连的Site学到的VPN-IPv4路由发布给其他PE前，为这些路由设置Export Target属性。

2）Import Target属性：PE在接收到其他PE路由器发布的VPN-IPv4路由时，检查其Export Target属性，只有当此属性与PE上VPN实例的Import Target属性匹配时，才把路由加入相应的VPN路由表中。

也就是说，RT属性定义了一条VPN-IPv4路由可以被哪些Site所接收，PE路由器可以接收哪些Site发送来的路由。本地VPN的建立如图6-6所示。

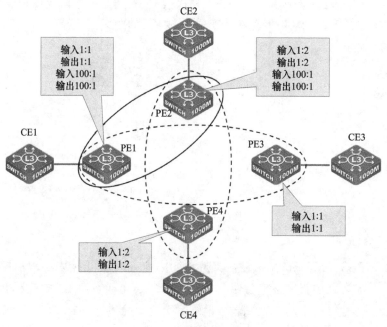

图6-6　本地VPN的建立

在图6-6中，CE1和CE3之间是内部VPN，CE2和CE4之间也是内部VPN，而CE1和CE3之间是外部VPN，通过RT（Route-target）配置来实现。

6．BGP/MPLS VPN中的VPNv4路由转发

CE和PE之间通过IGP（静态路由、RIP和OSPF等）或EBGP进行IPv4路由交换，而PE和PE之间通过IBGP来交换VPNv4路由和标签。通过图6-7的简介可以看出路由传播的方式。

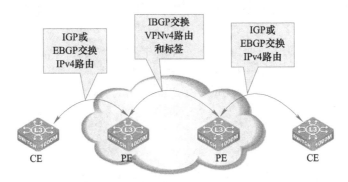

图6-7　MPLS VPN中的路由转发方式

MPLS VPN网络中路由传播的详细步骤如图6-8所示。

1）CE通过IGP或EBGP向PE通告IPv4路由。

2）在PE上将这些来自VPN站点的IPv4路由注入VRF路由表中，这个VRF通常是配置在PE上指向CE接口的VRF。

3）路由被添加了RD之后被分配给特定的VRF。变成了VPNv4路由并被注入MP-BGP中，添加RT。

4）通过IBGP向MPLS VPN网络中其他PE通告这些VPNv4路由。

5）当PE收到VPNv4路由的报文后，将VPNv4路由的RD删除。

6）以IPv4路由的方式注入VRF路由表中。

7）这些IPv4路由通过PE和CE之间运行的某种IGP或EBGP路由通告给CE。

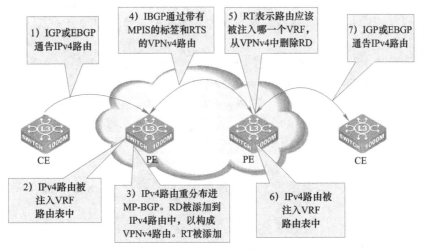

图6-8　MPLS VPN网络中的路由传播步骤

7．BGP/MPLS VPN组网解决方案

在BGP/MPLS VPN网络中，通过VPN Target属性来控制VPN路由信息在各Site之间的发布和接收。VPN Export Target和Import Target的设置相互独立，并且都可以设置多个值，能够实现灵活的VPN访问控制，从而实现多种VPN组网方案。

8．基本的VPN方案

在最简单的情况下，一个VPN中的所有用户形成闭合用户群，相互之间能够进行流量转发，VPN中的用户不能与任何本VPN以外的用户通信。

对于这种组网，需要为每个VPN分配一个VPN Target，作为该VPN的Export Target和Import Target，并且此VPN Target不能被其他VPN使用。

如图6-9所示，PE上为VPN1分配的VPN Target值为100:1，为VPN2分配的VPN Target值为200:1。VPN1的两个Site之间可以互访，VPN2的两个Site之间也可以互访，但VPN1和VPN2的Site之间不能互访。

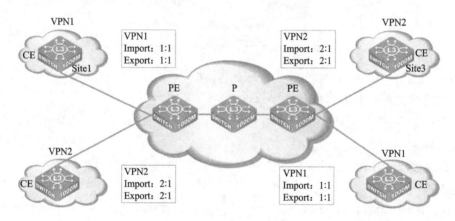

图6-9　基本的VPN组网解决方案

9．Hub&Spoke VPN

如果希望在VPN中设置中心访问控制设备，其他用户的互访都通过中心访问控制设备进行，则可以使用Hub&Spoke组网方案，从而实现中心设备对两端设备之间的互访进行监控和过滤等功能。

对于这种组网，需要设置两个VPN Target，一个表示"Hub"，另一个表示"Spoke"。

各Site在PE上VPN实例的VPN Target设置规则如下。

1）连接Spoke站点的（Spoke-PE）：Export Target为"Spoke"，Import Target为"Hub"。

2）连接Hub站点的（Hub-PE）：Hub-PE上需要使用两个接口或子接口，一个用于接收Spoke-PE发来的路由，其VPN实例的Import Target为"Spoke"；另一个用于向Spoke-PE发布路由，其VPN实例的Export Target为"Hub"。

如图6-10所示，Spoke站点之间的通信通过Hub站点进行（图6-10中箭头所示为Site2的路由向Site1的发布过程）。

1）Hub-PE能够接收所有Spoke-PE发布的VPN-IPv4路由。

2）Hub-PE发布的VPN-IPv4路由能够为所有Spoke-PE接收。

3）Hub-PE将从Spoke-PE学到的路由发布给其他Spoke-PE，因此Spoke站点之间可以通过Hub站点互访。

4）任意Spoke-PE的Import Target属性不与其他Spoke-PE的Export Target属性相同。因此，任意两个Spoke-PE之间不直接发布VPN-IPv4路由，Spoke站点之间不能直接互访。

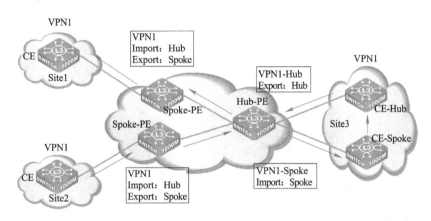

图6-10　Hub&Spoke组网解决方案

10. Extranet VPN

如果一个VPN用户希望提供部分本VPN的站点资源给非本VPN的用户访问，则可以使用Extranet组网方案。

对于这种组网，如果某个VPN需要访问共享站点，则该VPN的Export Target必须包含在共享站点的VPN实例的Import Target中，而其Import Target必须包含在共享站点VPN实例的Export Target中。

如图6-11所示，VPN1的Site3能够被VPN1和VPN2访问。

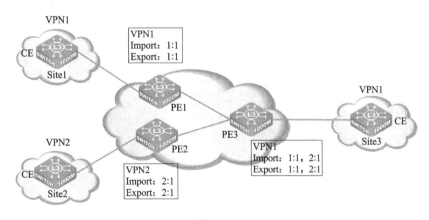

图　6-11

1）PE3能够接受PE1和PE2发布的VPN-IPv4路由。

2）PE3发布的VPN-IPv4路由能够被PE1和PE2接受。

3）基于以上两点，VPN1的Site1和Site3之间能够互访，VPN2的Site2和VPN1的Site3之间能够互访。

PE3不把从PE1接收的VPN-IPv4路由发布给PE2，也不把从PE2接收的VPN-IPv4路由发布给PE1（IBGP邻居学来的条目是不会再发送给别的IBGP邻居），因此VPN1的Site1和VPN2的Site2之间不能互访。

6.8　本章小结

➤ 了解BGP/MPLS VPN的技术背景。
➤ 理解MPLS技术隧道的应用。
➤ 掌握VRF技术和MP-BGP技术的原理。
➤ 理解BGP/MPLS VPN的实现过程。

6.9　习题

1）BGP/MPLS VPN技术和传统VPN技术相比，下列描述正确的是（　　）。
　　A．BGP/MPLS VPN实现隧道的动态建立，无须手工创建VPN隧道
　　B．BGP/MPLS VPN每增加一个VPN用户，需要增加对应的隧道配置
　　C．BGP/MPLS VPN私网路由易于控制，可以支持更灵活的VPN互访关系
　　D．BGP/MPLS VPN解决了本地地址冲突问题，多个VPN用户可共享接入设备
2）下列选项中，（　　）技术可以作为隧道使用。
　　A．GRE　　　　　　　　　　　B．IPSEC
　　C．MPLS　　　　　　　　　　D．BGP
3）使能多VRF技术的路由器，每一个VRF将（　　）。
　　A．拥有独立的接口　　　　　　B．拥有独立的路由表
　　C．拥有独立的路由协议　　　　D．拥有独立的CPU
4）下列有关RT的描述正确的是（　　）。
　　A．RT包含Export Target路由协议属性和Import Target属性
　　B．RT是配置使用MP-BGP后自动生成的
　　C．MP-BGP会将本地VPN RT的Import Target携带在路由信息里发给BGP邻居
　　D．当收到的MP-BGP路由中携带的RT值与本地VPN的Import Target属性存在交集时，该路由就会被添加到该VPN的路由表
5）下列内容会出现在BGP/MPLS VPN网络的私网报文数据转发过程中的有（　　）。
　　A．RT　　　　　　　　　　　B．公网的MPLS标签
　　C．私网MPLS标签　　　　　　D．RD

第7章 项 目 案 例

网络设计需要涉及前期调研、需求分析、项目规划、制订合理的实施方案、施工和网络维护等，其中前期项目需求分析和项目设计尤为重要。

设计目标概述

在考虑技术先进性的同时，必须保证较高的系统可靠性及容错性，尽可能地减少设备故障并要求网络系统在部分设备出现故障时不受影响或少受影响。网络系统必须具备高度安全性控制能力，防止非法侵入，保证系统资源及敏感信息的安全，避免未授权的篡改或泄露。系统应提供充足的带宽和先进的流量控制及拥塞管理功能，保证多媒体数据传输和可视化计算的需求。

学习完本章，应该能够达到以下目标。

➤ 熟悉项目方案的流程。

➤ 熟悉项目方案的总体设计。

➤ 掌握IP地址的规划。

➤ 掌握项目案例中路由协议的使用。

➤ 掌握项目案例可靠性的应用。

➤ 掌握项目案例服务质量的应用。

7.1 项目方案概述

1. 先进性、成熟性和系统性能

随着计算机应用的不断普及和发展，计算机系统对网络性能的要求不断提高，高带宽、低延迟是对交换网络设备的基本要求。网络交换设备应该提供从数据中心到楼层配线间直至桌面的高速网络连接，交换机必须具备无阻塞交换能力。综合考虑先进性和成熟性，结合实际应用需求，公司总部可采用千兆以太网、快速以太网作为主干技术连接数据中心和各分部交换机，采用千兆以太网、快速以太网或以太网接口连接服务器和客户机。

数据中心应选用具有数十吉位每秒到上百吉位每秒的交换容量、采用模块化分布式交换技术的主干级交换机；各分部的二级交换机根据需要以千兆以太网或快速以太网通过光纤或公共网络平台接入主干；为了减少网络延迟的同时兼顾结构化布线系统的特征，交换机互连的级数应控制在最低可能的二级——数据中心和配线间，因此配线间的交换机必须选用可提供足够端口数而不损失性能的无阻塞堆叠式工作组级交换机。

新的基于视频、语音和图像的应用系统的引入对网络的服务质量（QoS）也提出了新的要求。总部应用系统复杂多样，网络交换机应该能够根据网络管理员预先设置或根据高层应用类型的不同，对不同站点或不同的数据流赋予不同的优先级、提供不同的服务，优先保证重要站点或子系统或者语音、视频等应用得到及时响应。网络优先级管理应支持IEEE 802.1p协议。

在当今流行的Internet / Intranet 计算方式下，应用系统将以大量客户机同时访问少量服务器为特征，要求网络交换机必须具有有效的主动式拥塞管理功能，以避免通常出现在服务器网络接口处的拥塞现象，杜绝数据包的丢失。

以硬件交换为特征的多层交换技术已经在越来越多的局域网系统中取代传统路由器成为网络的主干技术，作为一种成熟的先进技术应在总部网络中得到应用。

2．可靠性和容错性

计算机应用的普及和计算机系统的日益网络化使人们越来越依赖于计算机网络系统的连续可靠运行，因此，网络系统的设计更要充分考虑系统可靠性和容错性。

为了保证网络系统的不间断连续运行，应该选用经过实践检验证明的成熟可靠的产品。数据中心交换机应采用模块化分布式处理技术，避免采用一损俱损的中央交换模块方式。各主要部件都应有冗余，所有部件应支持热插拔，主干端口应支持热备份，特别是作为整个计算机网络系统核心的多层交换单元更要具备冗余备份的容错能力。

在选用具有多级容错设计的交换机的基础上，网络系统的设计仍应注意数据中心交换机、交换机上的模块及各部件、网络中的所有主干链路都要设计有冗余备份。整个网络中不应存在单一故障点，即任何单个设备、部件或链路的故障都不应影响整个网络的正常运行。

3．网络安全性

网络系统对安全保密有着非常高的要求。虽然计算机系统本身或多或少地具有安全防范措施，网络系统的安全防范却是整个系统安全性的第一道防线，然后在局域网上的所有交换机应能灵活地、跨越全网地进行虚拟网划分和管理，将物理上分散而逻辑上紧密相关的各站点划入独立的虚拟网，实现无关系统的逻辑隔离是网络安全性的基本保障。

在此基础上，选用的网络产品应该具备包括MAC级、IP层和应用层等多个层次实现安全管理的能力，作为交换网络核心的多层主干交换机应该具备防火墙功能，防止发生在同一虚拟网内或虚拟网之间互联点上的非法侵犯。

4．虚拟网支持

计算机网络系统全面采用交换技术，使虚拟网技术的全面采用成为可能。按照应用系统的分布对全网实施划分虚拟网是增强网络安全性、提高网络性能、加强网络管理、隔离网络故障的有效手段。

然而，如果虚拟网的支持仅限于单一交换机内部或网络局部，划分后整个网络系统将成为支离破碎的一片片盲区。因此大厦选用的网络交换机应具备跨越主干和分支在全网范围内自由划分虚拟网的功能，而且所有设备的虚拟网划分功能应当基于IEEE 802.1q这个统一标准。

5．第三层交换技术

Internet / Intranet计算方式对总部计算机网络系统的另一个重要考验是，网络上的大部分流量不再局限在各子网内部，而大多是跨越子网边界访问，这对网络设备处理子网间路由的能力施加了很大压力。传统路由器以软件方式进行路由操作，产生数十倍于交换机的传输延迟，而且延迟时间随负载变化而变化很大，是多媒体传输的大忌；由于采用昂贵的高性能CPU和大量高速内存而导致性价比极低，无法进一步提高吞吐量。

传统路由器的吞吐量已经不能胜任当今局域网主干上大量的路由任务，而过大的延迟又无法适应多媒体视频、语音通信的QoS需求，使用交换机替代路由器实现大容量、低延迟的路由——第三层交换已势在必行。总部应选用具有硬件实现的第三层交换能力的网络交换机以满足不断增长的子网间通信需求，同时实现多媒体通信所要求的低延迟和延迟量的稳定性。为了更好地支持不同应用的QoS需求，应考虑采用能够根据不同应用区别处理的具有第四层智能的第二代多层交换机作为网络主干设备和具有应用认知功能的缓存设备，更有效地利用宝贵的网络资源。

Internet/Intranet计算作为网络计算的潮流将进一步发展，要能适应应用技术发展的需要，不仅是主干交换机，配线间工作组交换机也应选择具有第三层交换能力的设备，以便在需要时分担主干交换机的负载，更有效地利用有限的主干带宽。

在重视第三层交换能力的同时，最基本的第二层交换技术也不能忽视，主干和分支交换机都应当能够在支持多层交换的同时支持可能需要的各种第二层交换技术，如ATM、FDDI、快速以太网和千兆以太网等。

6．网络管理和流量监控

计算机网络系统作为总部智能系统的神经中枢，其运行状况应该得到全面的监控和管理。OSI对网络管理提出了配置管理、性能管理、错误管理、安全管理和记账管理五大要求，以此为指导，该网络管理系统应选用基于工业标准的SNMP（简单网络管理协议）的开放式管理平台，配合专用的网络管理应用作为网管系统的设计框架。网管系统应支持网络拓扑自动发现、设备的配置和监视、网络故障的监测和报告等功能，并提供简单易用的图形用户接口。

7．开放性和标准支持

为保证网络系统的开放性，网络中的主干交换设备应该能够支持基于国际标准或工业界事实标准的ATM、FDDI、快速以太网和千兆以太网等各种链路接口技术，能够在必要的时候与外部开放系统顺利实现互联。

为了使交换网络技术上的新发展能在总部现有的、将来可能采购的所有交换机上具有兼容性，选用的交换机在新技术也应支持国际或工业标准。多层交换应采用RIP、OSPF和IPX-RIP等标准；虚拟网技术应支持802.1q标准；网络优先级应支持802.1p标准；组播技术支持IGMPv1、IGMPv2和PIM等。只有得到这些标准技术的保障，网络系统才能实现最大的开放性和异种系统连通性，为计算机系统日后的发展和外部系统的接入提供最广阔的选择余地。

8．可扩展性及系统升级能力

由于计算机技术和应用范围的不断进步和发展，而网络技术又是其中进步最快的一个分支，计算机网络系统的建设不仅要考虑当前的网络连接需求，还必须考虑计算机系统不断扩大而提出的网络系统扩展和升级的需求，以及网络通信技术本身的快速进步所提供的提升网络系统容量和性能的可能性。为了使网络系统能够在尽可能地保护现有投资的前提下不断滚动发展以适应应用需求发展的需要，选用设备时应该尽可能预见到网络系统近期、中期和远期的扩展、升级的可能性并预留扩展、升级的能力。

网络设备应兼有可扩展性和投资保护能力，主干交换设备应选用大型模块化多协议层、多技术支持的交换机，不低于几十吉位每秒的设计容量，有足够的空余槽位，能同时支持最先进的网络技术如622兆ATM和千兆以太网以便成熟时采用，也能支持如以太网、令牌环和FDDI等传统网络技术以便同时支持用户的遗留应用系统。主干交换机的设计应采用分布式处理，以便在不可预见的新技术出现时在空余槽位上插入的采用全新技术模块可以与现有模块共存。

分支交换机应选用模块化、无阻塞交换机以便在需要时随时增加端口数目以实现系统扩展。另外，分支交换机所支持的上连端口的灵活性直接决定了该交换机的生存周期，对应于主干交换机应该支持的主要连接技术，分支交换机应能通过增加相应具备以ATM、千兆以太网等技术上的选项才能在技术进步中保持可升级能力，避免因主干链路升级而不得不被丢弃。

网络厂商对自己传统产品一贯的处理风格也是考察系统可升级性和生命周期的重要参考因素。选择那些在产品初始设计时充分考虑长远发展，多年来始终注重产品的投资保护，在技术发展的过程中坚持为传统产品提供技术升级手段并在新产品的开发中尽可能实现向前兼容的厂商，则可以期望产品的生命周期尽可能地得到延长，具有加强的升级能力。而选择那些经常放弃原有产品的开发，不断重起炉灶，不在新产品中兼容原有产品的厂商，则可能成为厂商不负责任的产品和市场策略的牺牲品。

7.2　方案总体设计

1．设计原则

整个局域网络采用多层数据交换原则设计，这样的设计方案使得整个局域网的运维管理以及网络故障排除变得更加简单，减少了网络管理员的工作负责性，并且使未来的升级变得更简单且迅速。

2．核心层设计

核心区块主要负责以下几个工作。

1）提供交换区块间的连接。

2）提供到其他区块（如广域网区块）的访问。

3）尽可能快地交换数据帧或数据包。

核心层设备处于整个网络中最关键的地位，任何故障都可能造成整个系统的瘫痪，因此设备的选择十分重要，应从可靠性和安全性出发，结合价格因素考虑。

3．汇聚层设计

汇聚层主要负责以下几个工作。

1）实现安全以及路由策略。

2）实现核心层的流量重分布。

3）实现QoS控制。

汇聚层需要实现诸多的策略控制，对于交换机的应用要求较高。

7.3 网络项目综合布线

高速以太网现已成为企业、政府和分部等机构的网络重要架构，而结构化布线系统是实现高速以太网的基础。它利用双绞线、光纤等高品质的传输介质，把电话、计算机网络、图像、安全报警、监控系统和建筑自动化管理系统所需的各种专用布线系统集成为一套完整的布线系统。这种开放式布线系统大大增加了网络的灵活性和对用户需求的适应能力，便于对布线系统的维护和管理，并可大大减少人力、物力和财力的投入。结构化布线系统是一个模块化的、灵活性极高的建筑物或建筑群的信息传输系统。

结构化布线系统是一个全新的概念，它与传统的布线系统比较有许多优越性，具体表现如下。

1．开放性

传统的布线方式与用户选定的某种设备有关，即完成了设备的选型，也就确定了与所选设备适应的布线方式。那么更换另一种设备意味着全部更换原来的布线系统。各个系统独立设计，互不关联，彼此之间不能兼容。不难想象对一座建筑物进行重新布线之难度。这种重复投资建设将是人力、物力和财力的极大浪费。结构化布线系统由于采用开放式体系结构，符合各种国际上主流的标准，对所有符合通信标准的计算机设备和网络交换设备厂商是开放的，也就是说，结构化布线系统的应用与所用设备的厂商无关，而且对所有通信协议也是开放的。

2．灵活性

由于传统的布线方式中各个系统是封闭的，其体系结构是固定的，对于移动或增加设备相当困难，有时甚至是不可能的。结构化布线系统由于采用相同的传输介质，因此所有信息通道是通用的。信息通道可支持电话、传真、用户终端、ATM网络工作站、以太网网络工作站及令牌环网网络工作站，物理上为星形拓扑结构。因此所有设备的开通、增加或更改无须改变布线系统，只需变动相应的网络设备以及必要的跳线管理即可。系统组网也可灵活多样，各部门既可以独立组网，又可以方便地互联，为合理地进行信息共享和信息交流创造了必要的条件。

3．可靠性

传统布线方式的相对独立和不兼容性，造成建筑物内多种布线系统同时存在、同时运行的局面。整个建筑物通信系统的稳定性是由各个不同的布线系统支持的，可以看出，传统布线系统使建筑物的通信系统异常脆弱。结构化布线系统采用高品质材料和组合压接技术，构成一个高标准的信息通道。所有器件经过UL、CAS和ISO认证。经过专用仪器设备测试的每条信息通道可以保证其电气性能，可以支持100Base-T及ATM的应用。星形拓扑结构实现了点对点端接，任何一条线路故障不会影响其他线路的运行，从而保证了系统的可靠运行。该方式还采用相同的传输介质可互为备用，提高了系统的冗余。

4．先进性

通信技术和信息产业的飞速发展，对建筑物综合布线系统提出了更高的要求。建筑物综合布线系统采用光纤与双绞线混合布线，并且符合国际通信标准，形成一套完整的、极为合理的结构化布线系统。超五类或超五类屏蔽双绞线布线系统使数据的传输速率达到155Mbit/s、622Mbit/s和1000Mbit/s，对于特殊用户的需求，光纤可到桌面，干线子系统和建筑群子系统中光纤的应用，使传输距离达2km以上。为今后计算机网络和通信的发展奠定了基础。同时物理星形的布线方式使交换式网络的应用成为可能。

5．兼容性

兼容性是指其设备或程序可以用于多种系统的性能。过去，为一栋大楼或一个建筑群内的语音和数据线路布线时，往往要采用不同厂家的电缆线、配线插座以及接头等。例如，计算机系统通常使用粗同轴电缆或细同轴电缆。用户交换机采用双绞线。这些不同的设备使用不同的配线材料构成网络，而连接这些不同配线的接头、插座及端子板也各不相同，彼此互不兼容。一旦需要改变终端机或电话机位置，就必须敷设新的缆线，安装新的插座和接头。

综合布线系统将语音信号、数字信号与监控设备的图像信号的配线经过统一的规划和设计，采用相同的传输介质、信息插座、交换设备和适配器等，把这些性质不同的信号综合到一套标准的布线系统中。这个系统比传统布线系统大为简化，用户可不用定义某个工作区的信息插座的具体应用，只把终端设备接入这个信息插座，在设备间的交连设备上做相应的跳线操作，这个终端设备即被接入综合布线系统中。

7.4 北京某公司总部网络升级改造

1．项目概述

由于业务需要，北京某公司需要搭建网络使得A、B、C三个区域可以相互连接，实现远程通信办公。其中区域A为公司总部，存放着公司的服务器，区域B、C为分部，能够访问总部A的服务器。总部连接分部的每条链路为10Mbit/s，区域内设备之间互连链路为1Gbit/s光纤链路。

2．网络整体设计

骨干网连接拓扑如图7-1所示。

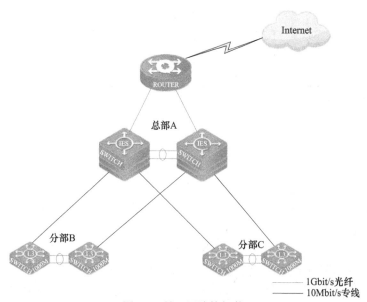

图7-1 骨干网连接拓扑

3．网络设计规划

（1）网络设备命名规范 设备命名原则为XX-YY-W-ZZ。

各字段具体含义如下所示。

XX：标识网络设备的厂商汉字拼音的第一个字母的组合缩写，如SZSM-神州数码网络设备。

YY：标识区域范围，取相关区域汉字拼音的第一个字母的组合缩写，如AA-A总部区域、BB-B分部区域、CC-C分部区域。

W：标识设备类型，路由器为R（Router），交换机为S（Switch），防火墙为F（Firewall）。

ZZ：结点编号，范围从1开始递增，表示该城市中网络设备的序列号，范围为01～99。

为详细说明网络结点命名规则，特举例如下。

SZSM-AA-R-01表示使用神州数码网络设备位于AA区域的一台网络编号为01的路由器。

（2）设备命名详表 总部A区域设备命名见表7-1。

表7-1 A区域设备命名

区 域	设 备	命 名
AA	第一台网络设备	SZSM-AA-R-01
	第二台网络设备	SZSM-AA-S-02
	第三台网络设备	SZSM-AA-S-03

分部B区域设备命名见表7-2。

表7-2 B区域设备命名

区 域	设 备	命 名
BB	第一台网络设备	SZSM-BB-S-04
	第二台网络设备	SZSM-BB-S-05

分部C区域设备命名见表7-3。

表7-3 C区域设备命名

区　域	设　备	命　名
CC	第一台网络设备	SZSM-CC-S-06
	第二台网络设备	SZSM-CC-S-07

4．IP地址的设计规范

（1）IP地址的设计原则

IP地址规划对于网络的应用性能、可维护性和可扩展性等方面都有很大影响，因此合理的IP地址规划是网络设计的重要目标之一。通常IP地址规划有如下原则。

1）唯一性：一个IP网络中不能有两个主机采用相同的IP地址。

2）可管理性：为便于网络设备的统一管理，分配一段独立的IP地址段作为网络互联地址和Loopback地址。

3）连续性：连续地址在层次结构网络中易于进行路径聚合，大大缩减路由表，提高路由算法的效率，充分利用地址空间，最大限度地实现地址连续性，并兼顾今后网络发展，便于业务管理；充分利用CIDR技术，减少路由表大小，加快路由收敛速度，同时减少网络中广播信息的大小，降低管理开支。

4）可扩展性：充分考虑网络未来发展的需求，坚持统一规划、长远考虑、分片分块的分配原则。地址分配在每一层次上都要留有余量，在网络规模扩展时能保证地址叠合所需的连续性。

5）层次性：IP地址划分的层次性应体现出网络结构的层次性。

6）灵活性：充分利用无类别域间路由（CIDR）技术和变长子网掩码（VLSM）技术，合理高效地使用IP地址。

为了节约网络带宽和结点处理资源，网络IP地址的分配需有效控制，IP地址的分配和路由的规划应一起考虑，便于更有效地汇聚地址。

以路由协议的拓扑结构为IP地址规划参考的第一要素，即按照协议的区域划分来规划IP地址段，保证每个区域内的互连IP地址都可以聚合。

在进行IP地址分配时，还应充分考虑IP地址的预留问题，以保证网络的扩充性。

（2）IP地址设计方案

根据以上的原则和规范要求，对北京某公司网络升级系统的IP地址规划如下。

1）网络管理IP地址：包括路由器等网络设备的Loopback地址、交换机管理IP等。

2）网络设备间互联IP地址：包括广域网核心路由器和汇聚交换机互联链路、接入和汇聚互联链路以及用户和接入交换机互联。

详细IP地址规划如下。

SZSM-AA-R-01见表7-4。

表7-4 设备SZSM-AA-R-01IP地址规划

端口成员	IP地址	连　接
LOOPBACK 1	192.168.1.1/32	无
G0/3	10.0.0.1/30	SZSM-AA-S-02:E1/0/1
G0/4	10.0.0.5/30	SZSM-AA-S-03:E1/0/1
G0/6	202.106.1.1/30	202.106.1.2/30（广域网）

SZSM-AA-S-02见表7-5。

表7-5 设备SZSM-AA-S-02 IP地址规划

端 口 成 员	IP地址	连 接
LOOPBACK 1	192.168.1.2/32	无
E1/0/1	10.0.0.2/30	X-01:G0/3
E1/0/2	10.0.0.13/30	X-04:E1/0/1
E1/0/3	10.0.0.17/30	X-06:E1/0/1
Port-Channel1	10.0.0.9/30	X-03: Port-Channel1

SZSM-AA-S-03见表7-6。

表7-6 设备SZSM-AA-S-03 IP地址规划

端 口 成 员	IP地址	连 接
LOOPBACK 1	192.168.1.3/32	无
E1/0/1	10.0.0.6/30	X-01:G0/4
E1/0/2	10.0.0.25/30	X-05:E1/0/1
E1/0/3	10.0.0.29/30	X-07:E1/0/1
Port-Channel1	10.0.0.10/30	X-02: Port-Channel1

SZSM-BB-S-04见表7-7。

表7-7 设备SZSM-BB-S-04 IP地址规划

端 口 成 员	IP地址	连 接
LOOPBACK 1	192.168.1.4/32	无
E1/0/1	10.0.0.14/30	X-02:E1/0/2
Port-Channel1	10.0.0.21/30	X-05: Port-Channel1
E1/0/5-9	10.0.1.1/24	接入层交换机
E1/0/10-14	10.0.2.1/24	接入层交换机
E1/0/15-19	10.0.3.1/24	接入层交换机
E1/0/20-24	10.0.4.1/24	接入层交换机

SZSM-BB-S-05见表7-8。

表7-8 设备SZSM-BB-S-05 IP地址规划

端 口 成 员	IP地址	连 接
LOOPBACK 1	192.168.1.5/32	无
E1/0/1	10.0.0.26/30	X-03:E1/0/2
Port-Channel1	10.0.0.22/30	X-04: Port-Channel1
E1/0/5-9	10.0.5.1/24	接入层交换机
E1/0/10-14	10.0.6.1/24	接入层交换机
E1/0/15-19	10.0.7.1/24	接入层交换机
E1/0/20-24	10.0.8.1/24	接入层交换机

SZSM-CC-S-06见表7-9。

表7-9　设备SZSM-CC-S-06IP地址规划

端口成员	IP地址	连接
LOOPBACK 1	192.168.1.6/32	无
E1/0/1	10.0.0.18/30	X-02:E1/0/3
Port-Channel1	10.0.0.33/30	X-07: Port-Channel1
E1/0/5-9	10.0.9.1/24	接入层交换机
E1/0/10-14	10.0.10.1/24	接入层交换机
E1/0/15-19	10.0.11.1/24	接入层交换机
E1/0/20-24	10.0.12.1/24	接入层交换机

SZSM-CC-S-07见表7-10。

表7-10　设备SZSM-CC-S-07IP地址规划

端口成员	IP地址	连接
LOOPBACK 1	192.168.1.7/32	无
E1/0/1	10.0.0.30/30	X-03:E1/0/3
Port-Channel1	10.0.0.34/30	X-06: Port-Channel1
E1/0/5-9	10.0.13.1/24	接入层交换机
E1/0/10-14	10.0.14.1/24	接入层交换机
E1/0/15-19	10.0.15.1/24	接入层交换机
E1/0/20-24	10.0.16.1/24	接入层交换机

（3）VLAN的划分

北京某公司网络升级系统原有VLAN划分规范，VLAN分为如下四个部分。

1）网络管理VLAN。

2）网络设备间互联VLAN。

3）服务器VLAN。

4）用户终端VLAN。

5．可靠性设计

（1）设备的可靠性

通过设备自身冗余板卡与冗余电源实现设备可靠性。

（2）链路的可靠性

核心层和汇聚层网络设备均采用双线路互联，为加强链路可靠性，实行链路捆绑，对链路进行冗余和备份操作，使用OSPF的多区域特性实现链路切换的可靠性，以及对核心层和汇聚层互联的链路设置接口认证、在主干网中设置区域认证。

（3）链路聚合简介

链路聚合是指将多个物理端口捆绑在一起，成为一个逻辑端口，以实现出/入流量在各成员端口中的负荷分担，交换机根据用户配置的端口负荷分担策略决定报文从哪一个成员端口发送到对端的交换机。当交换机检测到其中一个成员端口的链路发生故障时，就停止在此端口上发送报文，并根据负荷分担策略在剩余链路中重新计算报文发送的端口，故障端口恢复后再次计算报文发送端口。链路聚合在增加链路带宽、实现链路传输弹性和冗余等方面是一项很重要的技术。

如果聚合的每个链路都遵循不同的物理路径，则聚合链路也提供冗余和容错。通过聚合调制解调器链路或者数字线路，链路聚合可用于改善对公共网络的访问。链路聚合也可用于企业网络，以便在千兆以太网交换机之间构建多GB的主干链路。

（4）链路聚合原理

逻辑链路的带宽增加了大约$n-1$倍（n为聚合的路数），另外，聚合后可靠性大大提高，因为n条链路中只要有一条可以正常工作，这个链路就可以工作。除此之外，链路聚合可以实现负载均衡。因为通过链路聚合连接在一起的两个（或多个）交换机（或其他网络设备），通过内部控制也可以合理地将数据分配在被聚合连接的设备上，实现负载分担。

因为通信负载分布在多个链路上，所以链路聚合有时称为负载平衡。但是负载平衡作为一种数据中心技术，利用它可以将来自客户机的请求分布到两个或更多服务器上。聚合有时被称为反复用或IMUX。如果多路复用是将多个低速信道合成一个单个的高速链路的聚合，那么反复用就是在多个链路上的数据"分散"。它允许以某种增量尺度配置分数带宽，以满足带宽要求。链路聚合也称为中继。

按需带宽或结合是指按需要添加线路以增加带宽的能力。在该方案中，线路按带宽的需求自动连接起来。聚合通常伴随着ISDN连接。基本速率接口支持两个64kbit/s的链路。一个可用于电话呼叫，而另一个可同时用于数据链路。结合这两个链路可以建立128kbit/s的数据链路。

（5）链路聚合应用（见图7-2）

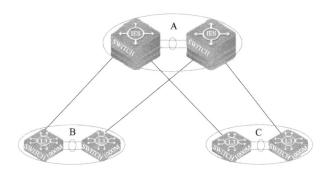

图7-2 链路聚合示例

在总部A区域的核心交换机之间进行链路捆绑，保证核心交换机的可靠性；在分部B和C区域的汇聚交换机之间实行链路捆绑，保证汇聚交换机的可靠性。

6．路由协议的设计

（1）OSPF的设计（见图7-3）

设置OSPF多区域避免主干域过大，而导致核心网络设备压力过重；每个区别内的LSA均只有自己区域内的，降低了域内的每个路由器的压力，有助于路由的转发和寻址；3类

LSA和路由聚合可以有效减少或避免某区域内的路由变化对整个网络带来路由震荡。

在这次北京某公司的网络升级改造系统中，总部核心网络设备定义为区域0，而分部B和C定义为区域1和区域2。

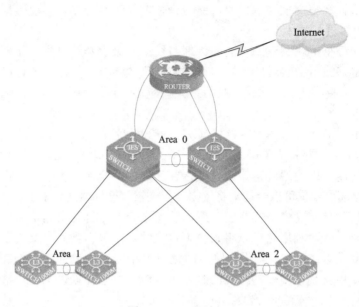

图7-3 OSPF示例

（2）OSPF链路Cost值

OSPF是基于链路状态计算最短路径的路由协议，该类协议需要对每条链路赋予一个Cost值，路由的Cost值为所途经链路Cost值的累加。不同厂家的设备计算Cost的方法可能不同，在项目实施中，统一制订Cost值策略进行配置。

正常情况下链路规划如图7-4所示。

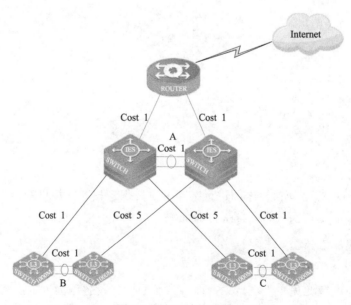

图7-4 OSPF选路示例

分部B区域的用户访问广域网是经过主核心交换机SZSM-AA-S-02，备份经过核心交换机SZSM-AA-S-03；分部C区域的用户访问广域网是经过主核心交换机SZSM-AA-S-03，备份经过核心交换机SZSM-AA-S-02;而在总部A区域，实现链路负载，经过直连核心路由器SZSM-AA-R-01的链路。

（3）OSPF认证

OSPF有基于区域的认证（如果做了AREA认证，所有在本区域的Router都要做区域认证）和基于接口的认证，OSPF支持明文认证和MD5认证是基于邻居的认证，不是整个Area有效，如图7-5所示。

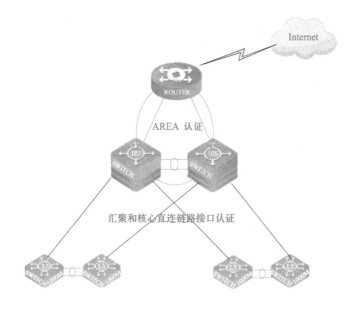

图7-5　OSPF认证示例

对分部和总部直连的链路设置接口认证，保证核心层网络设备与汇聚层网络设备的安全性；在总部设置区域认证可以保证主干网的安全性。

7．QoS的设计

（1）QoS简介

当网络发生拥塞的时候，所有的数据流都有可能被丢弃；为满足用户对不同应用不同服务质量的要求，就需要网络能根据用户的要求分配和调度资源，对不同的数据流提供不同的服务质量：对实时性强且重要的数据报文优先处理；对于实时性不强的普通数据报文，提供较低的处理优先级，网络拥塞时甚至丢弃。由此QoS应运而生。支持QoS功能的设备，能够提供传输品质服务；针对某种类别的数据流，可以为它赋予某个级别的传输优先级，来标识它的相对重要性，并使用设备所提供的各种优先级转发策略和拥塞避免等机制为这些数据流提供特殊的传输服务。配置QoS的网络环境增加了网络性能的可预知性，并能够有效地分配网络带宽，更加合理地利用网络资源。

（2）QoS的应用

实施QOS策略，使来自汇聚层的FTP报文带宽限制为1Mbit/s，突发值设置为1Mbit/s，超过带宽的报文一律丢弃，如图7-6所示。

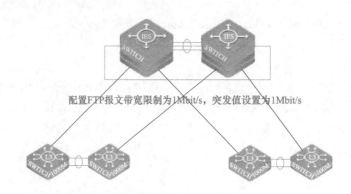

配置FTP报文带宽限制为1Mbit/s，突发值设置为1Mbit/s

图7-6　QoS技术示例

8．NAT技术

（1）NAT技术简介

要真正了解NAT就必须先了解现在IP地址的适用情况，私有IP地址是指内部网络或主机的IP地址，公有IP 地址是指在互联网上全球唯一的IP 地址。RFC 1918为私有网络预留了如下三类IP地址。

A类：10.0.0.0～10.255.255.255

B类：172.16.0.0～172.31.255.255

C类：192.168.0.0～192.168.255.255

上述三类IP地址不会在互联网上被分配，因此可以不必向ISP 或注册中心申请而可以在公司或企业内部自由使用。

随着接入Internet的计算机数量不断猛增，IP地址资源也就愈加显得捉襟见肘。事实上，除了中国教育和科研计算机网（CERNET）外，一般用户几乎申请不到整段的C类IP地址。在其他ISP那里，即使是拥有几百台计算机的大型局域网用户，当他们申请IP地址时，所分配的地址也不过只有几个或十几个IP地址。显然，这样少的IP地址根本无法满足网络用户的需求，于是也就产生了NAT技术。

虽然NAT可以借助于某些代理服务器来实现，但考虑到运算成本和网络性能，很多时候都是在路由器上来实现的。

（2）NAT技术的应用（见图7-7）

图7-7　NAT技术示例

借助于NAT，私有（保留）地址的"内部"网络通过路由器发送数据包时，私有地址被转换成合法的IP地址，一个局域网只需使用少量IP地址（甚至是1个）即可实现私有地址网络内所有计算机与Internet的通信需求。

9．远程控制技术

Telnet协议是TCP/IP族中的一员，是Internet远程登录服务的标准协议和主要方式。它为用户提供了在本地计算机上完成远程主机工作的能力。在终端使用者的计算机上使用Telnet程序，用它连接到服务器。终端使用者可以在Telnet程序中输入命令，这些命令会在服务器上运行，就像直接在服务器的控制台上输入一样，可以在本地就能控制服务器。要开始一个Telnet会话，必须输入用户名和密码来登录服务器。Telnet是常用的远程控制Web服务器的方法。

使用Telnet技术可以让网络管理员实现远程配置网络设备，方便管理员管理。

10．项目案例技术的实现

（1）核心路由器SZSM-AA-R-01的配置

```
SZSM-AA-R-01#show running-config
hostname SZSM-AA-R-01
!
username szsm password 0 szsm privilege 15
!
enable password 0 dcnu level 15
!
interface Loopback1
 ip address 192.168.1.1 255.255.255.255
 no ip directed-broadcast
!
interface GigaEthernet0/3
 ip address 10.0.0.1 255.255.255.252
 no ip directed-broadcast
 ip nat inside
!
interface GigaEthernet0/4
 ip address 10.0.0.5 255.255.255.252
 no ip directed-broadcast
 ip nat inside
!
interface GigaEthernet0/6
 ip address 202.106.1.1 255.255.255.252
 no ip directed-broadcast
 ip nat outside
!
router ospf 1
 network 192.168.1.1 255.255.255.255 area 0
 network 10.0.0.0 255.255.255.252 area 0
 network 10.0.0.4 255.255.255.252 area 0
 area 0 authentication message-digest
 default-information originate always
!
ip route default 202.106.1.2
!
ip access-list standard 1
```

```
   permit any
   !
   ip nat pool szsm 202.106.1.1 202.106.1.1 255.255.255.0
   ip nat inside source list 1 pool szsm overload
```

（2）核心交换机SZSM-AA-S-02的配置

```
   SZSM-AA-S-02#show running-config
   hostname SZSM-AA-S-02
   !
   username szsm privilege 15 password 0 szsm
   !
   vlan 1-2;4
   !
   firewall enable
   !
   ip access-list extended ftp_acl
     permit tcp any-source any-destination d-port 21
     deny ip any-source any-destination
     exit
   !
   class-map ftp_class
    match access-group ftp_acl
   !
   policy-map qos_ftp
    class ftp_class
    policy 1000 1000 exceed-action drop
    exit
   !
   port-group 1
   !
   Interface Ethernet1/0/1
    switchport access vlan 1
   !
   Interface Ethernet1/0/2
    service-policy input qos_ftp
    switchport access vlan 2
   !
   Interface Ethernet1/0/4
    switchport access vlan 4
    port-group 1 mode on
   !
   Interface Ethernet1/0/5
    switchport access vlan 4
    port-group 1 mode on
   !
   Interface Port-Channel1
   !
   interface vlan1
    ip address 10.0.0.2 255.255.255.252
   !
   interface vlan2
```

```
   ip ospf message-digest-key 1 md5 0 DCNU
   ip address 10.0.0.13 255.255.255.252
   !
 interface vlan4
   ip address 10.0.0.9 255.255.255.252
   !
 interface Loopback1
   ip address 192.168.1.2 255.255.255.255
   !
 router ospf
   area 0 authentication message-digest
   network 10.0.0.0 0.0.0.3 area 0
   network 10.0.0.8 0.0.0.3 area 0
   network 10.0.0.12 0.0.0.3 area 1
   network 192.168.1.2 0.0.0.0 area 0
   !
 router ospf 1
```

（3）核心交换机SZSM-AA-S-03的配置

```
 SZSM-AA-S-03#show running-config
 hostname SZSM-AA-S-03
 !
 username szsm privilege 15 password 0 szsm
 !
 vlan 1-2;4
 !
 firewall enable
 !
 ip access-list extended ftp_acl
   permit tcp any-source any-destination d-port 21
   deny ip any-source any-destination
   exit
 !
 class-map ftp_class
   match access-group ftp_acl
   !
 policy-map qos_ftp
   class ftp_class
   policy 1000 1000 exceed-action drop
   exit
 !
 port-group 1
 !
 Interface Ethernet1/0/1
   switchport access vlan 1
 !
 Interface Ethernet1/0/2
   service-policy input qos_ftp
   switchport access vlan 2
 !
 Interface Ethernet1/0/4
```

```
 switchport access vlan 4
 port-group 1 mode on
!
Interface Ethernet1/0/5
 switchport access vlan 4
 port-group 1 mode on
!
Interface Port-Channel1
!
interface vlan1
 ip address 10.0.0.6 255.255.255.252
!
interface vlan2
 ip ospf message-digest-key 1 md5 0 DCNU
ip ospf cost 5
ip address 10.0.0.25 255.255.255.252
!
interface vlan4
 ip address 10.0.0.10 255.255.255.252
!
interface Loopback1
 ip address 192.168.1.3 255.255.255.255
!
router ospf
 area 0 authentication message-digest
 network 10.0.0.4 0.0.0.3 area 0
 network 10.0.0.8 0.0.0.3 area 0
 network 10.0.0.24 0.0.0.3 area 1
 network 192.168.1.3 0.0.0.0 area 0
```

（4）核心交换机SZSM-BB-S-04的配置

```
SZSM-BB-S-04#show running-config

no service password-encryption
!
hostname SZSM-BB-S-04
China
sysContact 800-810-9119
!
username szsm privilege 15 password 0 szsm
!
vlan 1-2
!
port-group 1
!
Interface Ethernet1/0/1
 switchport access vlan 1
!
Interface Ethernet1/0/2
 switchport access vlan 2
 port-group 1 mode on
```

```
!
Interface Ethernet1/0/3
 switchport access vlan 2
 port-group 1 mode on
!
Interface Port-Channel1
!
interface vlan1
 ip ospf message-digest-key 1 md5 0 DCNU
 ip address 10.0.0.14 255.255.255.252
!
interface vlan2
 ip address 10.0.0.21 255.255.255.252
!
interface Loopback1
 ip address 192.168.1.4 255.255.255.255
!
router ospf
 network 10.0.0.12 0.0.0.3 area 1
 network 10.0.0.20 0.0.0.3 area 1
 network 192.168.1.4 0.0.0.0 area 1
```

（5）核心交换机SZSM-BB-S-05的配置

```
SZSM-BB-S-05#show running-config
hostname SZSM-BB-S-05
!
username szsm privilege 15 password 0 szsm
!
vlan 1-2
!
port-group 1
!
Interface Ethernet1/0/1
 switchport access vlan 1
!
Interface Ethernet1/0/2
 switchport access vlan 2
 port-group 2 mode on
!
Interface Ethernet1/0/3
 switchport access vlan 2
 port-group 2 mode on
!
Interface Port-Channel1
!
interface vlan1
 ip ospf message-digest-key 1 md5 0 DCNU
ip ospf cost 5
 ip address 10.0.0.26 255.255.255.252
!
interface vlan2
```

```
    ip address 10.0.0.22 255.255.255.252
    !
    interface Loopback1
    ip address 192.168.1.5 255.255.255.255
    !
    router ospf
    network 10.0.0.20 0.0.0.3 area 1
    network 10.0.0.24 0.0.0.3 area 1
    network 192.168.1.5 0.0.0.0 area 1
```

（6）核心交换机SZSM-CC-S-06和SZSM-CC-S-07的配置

分部C区域与分部B区域设计类似，所以配置命令以及相关要求与分部B区域也类似，这里不再对分部C区域进行赘述。

11. 网络设备状态

当所有网络设备都启动了动态路由OSPF之后，可以看到如下状态。

（1）路由表

1）SZSM-AA-R-01。

```
SZSM-AA-R-01#show ip route
Codes: C - connected, S - static, R - RIP, B - BGP, BC - BGP connected
       D - BEIGRP, DEX - external BEIGRP, O - OSPF, OIA - OSPF inter area
       ON1 - OSPF NSSA external type 1, ON2 - OSPF NSSA external type 2
       OE1 - OSPF external type 1, OE2 - OSPF external type 2
       DHCP - DHCP type, L1 - IS-IS level-1, L2 - IS-IS level-2
VRF ID: 0
S       0.0.0.0/0           [1,0] via 202.106.1.2(on GigaEthernet0/6)
C       10.0.0.0/30         is directly connected, GigaEthernet0/3
C       10.0.0.4/30         is directly connected, GigaEthernet0/4
O       10.0.0.8/30         [110,2] via 10.0.0.6(on GigaEthernet0/4)
                            [110,2] via 10.0.0.2(on GigaEthernet0/3)
O IA    10.0.0.12/30        [110,2] via 10.0.0.2(on GigaEthernet0/3)
O IA    10.0.0.20/30        [110,3] via 10.0.0.6(on GigaEthernet0/4)
                            [110,3] via 10.0.0.2(on GigaEthernet0/3)
O IA    10.0.0.24/30        [110,2] via 10.0.0.6(on GigaEthernet0/4)
C       192.168.1.1/32      is directly connected, Loopback1
O       192.168.1.2/32      [110,2] via 10.0.0.2(on GigaEthernet0/3)
O       192.168.1.3/32      [110,2] via 10.0.0.6(on GigaEthernet0/4)
O IA    192.168.1.4/32      [110,3] via 10.0.0.2(on GigaEthernet0/3)
O IA    192.168.1.5/32      [110,3] via 10.0.0.6(on GigaEthernet0/4)
C       202.106.1.0/30      is directly connected, GigaEthernet0/6
```

2）SZSM-AA-S-02。

```
SZSM-AA-S-02#show ip route
Codes: K - kernel, C - connected, S - static, R - RIP, B - BGP
       O - OSPF, IA - OSPF inter area
       N1 - OSPF NSSA external type 1, N2 - OSPF NSSA external type 2
       E1 - OSPF external type 1, E2 - OSPF external type 2
```

```
            i - IS-IS, L1 - IS-IS level-1, L2 - IS-IS level-2, ia - IS-IS inter area
            * - candidate default
Gateway of last resort is 10.0.0.1 to network 0.0.0.0
O*E1    0.0.0.0/0 [110/101] via 10.0.0.1, vlan1, 00:42:46    tag:0
C       10.0.0.0/30 is directly connected, vlan1    tag:0
O       10.0.0.4/30 [110/2] via 10.0.0.1, vlan1, 00:42:47    tag:0
                      [110/2] via 10.0.0.10, vlan4, 00:42:47    tag:0
C       10.0.0.8/30 is directly connected, vlan4    tag:0
C       10.0.0.12/30 is directly connected, vlan2    tag:0
O       10.0.0.20/30 [110/2] via 10.0.0.14, vlan2, 01:43:13    tag:0
O       10.0.0.24/30 [110/3] via 10.0.0.14, vlan2, 01:42:33    tag:0
C       127.0.0.0/8 is directly connected, Loopback    tag:0
O       192.168.1.1/32 [110/2] via 10.0.0.1, vlan1, 00:42:47    tag:0
C       192.168.1.2/32 is directly connected, Loopback1    tag:0
O       192.168.1.3/32 [110/2] via 10.0.0.10, vlan4, 01:45:47    tag:0
O       192.168.1.4/32 [110/2] via 10.0.0.14, vlan2, 01:43:13    tag:0
O       192.168.1.5/32 [110/3] via 10.0.0.14, vlan2, 01:42:23    tag:0
Total routes are : 14 item(s)
```

3）SZSM-AA-S-03。

```
SZSM-AA-S-03#show ip route
Codes: K - kernel, C - connected, S - static, R - RIP, B - BGP
       O - OSPF, IA - OSPF inter area
       N1 - OSPF NSSA external type 1, N2 - OSPF NSSA external type 2
       E1 - OSPF external type 1, E2 - OSPF external type 2
       i - IS-IS, L1 - IS-IS level-1, L2 - IS-IS level-2, ia - IS-IS inter area
       * - candidate default
Gateway of last resort is 10.0.0.5 to network 0.0.0.0
O*E1    0.0.0.0/0 [110/101] via 10.0.0.5, vlan1, 01:00:45    tag:0
O       10.0.0.0/30 [110/2] via 10.0.0.5, vlan1, 01:00:45    tag:0
                      [110/2] via 10.0.0.9, vlan4, 01:00:45    tag:0
C       10.0.0.4/30 is directly connected, vlan1    tag:0
C       10.0.0.8/30 is directly connected, vlan4    tag:0
O       10.0.0.12/30 [110/7] via 10.0.0.26, vlan2, 00:00:19    tag:0
O       10.0.0.20/30 [110/6] via 10.0.0.26, vlan2, 00:00:19    tag:0
C       10.0.0.24/30 is directly connected, vlan2    tag:0
C       127.0.0.0/8 is directly connected, Loopback    tag:0
O       192.168.1.1/32 [110/2] via 10.0.0.5, vlan1, 01:00:45    tag:0
O       192.168.1.2/32 [110/2] via 10.0.0.9, vlan4, 01:00:45    tag:0
C       192.168.1.3/32 is directly connected, Loopback1    tag:0
O       192.168.1.4/32 [110/7] via 10.0.0.26, vlan2, 00:00:19    tag:0
O       192.168.1.5/32 [110/6] via 10.0.0.26, vlan2, 00:00:19    tag:0
Total routes are : 14 item(s)
```

4）SZSM-BB-S-04。

```
SZSM-BB-S-04#show ip route
Codes: K - kernel, C - connected, S - static, R - RIP, B - BGP
       O - OSPF, IA - OSPF inter area
```

```
           N1 - OSPF NSSA external type 1, N2 - OSPF NSSA external type 2
           E1 - OSPF external type 1, E2 - OSPF external type 2
           i - IS-IS, L1 - IS-IS level-1, L2 - IS-IS level-2, ia - IS-IS inter area
           * - candidate default
Gateway of last resort is 10.0.0.13 to network 0.0.0.0
O*E1      0.0.0.0/0 [110/102] via 10.0.0.13, vlan1, 00:49:10   tag:0
O IA      10.0.0.0/30 [110/2] via 10.0.0.13, vlan1, 01:49:44   tag:0
O IA      10.0.0.4/30 [110/3] via 10.0.0.13, vlan1, 01:48:57   tag:0
                      [110/3] via 10.0.0.22, vlan2, 01:48:57   tag:0
O IA      10.0.0.8/30 [110/2] via 10.0.0.13, vlan1, 01:49:44   tag:0
C         10.0.0.12/30 is directly connected, vlan1   tag:0
C         10.0.0.20/30 is directly connected, vlan2   tag:0
O         10.0.0.24/30 [110/2] via 10.0.0.22, vlan2, 01:48:57   tag:0
C         127.0.0.0/8 is directly connected, Loopback   tag:0
O IA      192.168.1.1/32 [110/3] via 10.0.0.13, vlan1, 00:49:11   tag:0
O IA      192.168.1.2/32 [110/2] via 10.0.0.13, vlan1, 01:49:44   tag:0
O IA      192.168.1.3/32 [110/3] via 10.0.0.13, vlan1, 01:48:57   tag:0
                         [110/3] via 10.0.0.22, vlan2, 01:48:57   tag:0
C         192.168.1.4/32 is directly connected, Loopback1   tag:0
O         192.168.1.5/32 [110/2] via 10.0.0.22, vlan2, 01:48:47   tag:0
Total routes are : 15 item(s)
```

5）SZSM-BB-S-05。

```
SZSM-BB-S-05#show ip route
Codes: K - kernel, C - connected, S - static, R - RIP, B - BGP
           O - OSPF, IA - OSPF inter area
           N1 - OSPF NSSA external type 1, N2 - OSPF NSSA external type 2
           E1 - OSPF external type 1, E2 - OSPF external type 2
           i - IS-IS, L1 - IS-IS level-1, L2 - IS-IS level-2, ia - IS-IS inter area
           * - candidate default

Gateway of last resort is 10.0.0.21 to network 0.0.0.0

O*E1      0.0.0.0/0 [110/103] via 10.0.0.21, vlan2, 00:04:13   tag:0
O IA      10.0.0.0/30 [110/3] via 10.0.0.21, vlan2, 00:04:13   tag:0
O IA      10.0.0.4/30 [110/4] via 10.0.0.21, vlan2, 00:04:13   tag:0
O IA      10.0.0.8/30 [110/3] via 10.0.0.21, vlan2, 00:04:13   tag:0
O         10.0.0.12/30 [110/2] via 10.0.0.21, vlan2, 02:03:11   tag:0
C         10.0.0.20/30 is directly connected, vlan2   tag:0
C         10.0.0.24/30 is directly connected, vlan1   tag:0
C         127.0.0.0/8 is directly connected, Loopback   tag:0
O IA      192.168.1.1/32 [110/4] via 10.0.0.21, vlan2, 00:04:13   tag:0
O IA      192.168.1.2/32 [110/3] via 10.0.0.21, vlan2, 00:04:13   tag:0
O IA      192.168.1.3/32 [110/4] via 10.0.0.21, vlan2, 00:04:13   tag:0
O         192.168.1.4/32 [110/2] via 10.0.0.21, vlan2, 02:03:11   tag:0
C         192.168.1.5/32 is directly connected, Loopback1   tag:0
Total routes are : 13 item(s)
```

（2）OSPF邻居表

1）SZSM-AA-R-01。

```
SZSM-AA-R-01#show ip ospf neighbor
```

OSPF process: 1

AREA: 0

Neighbor ID	Pri	State	DeadTime	Neighbor Addr	Interface
192.168.1.2 3	1	FULL/DR	31	10.0.0.2	GigaEthernet0/
192.168.1.3 4	1	FULL/DR	30	10.0.0.6	GigaEthernet0/

2）SZSM-AA-S-02。

```
SZSM-AA-S-02#show ip ospf neighbor
```

OSPF process 0:

Neighbor ID	Pri	State	Dead Time	Address	Interface
192.168.1.1	1	Full/Backup	00:00:38	10.0.0.1	Vlan1
192.168.1.3	1	Full/DR	00:00:40	10.0.0.10	Vlan4
192.168.1.4	1	Full/Backup	00:00:33	10.0.0.14	Vlan2

OSPF process 1:

Neighbor ID	Pri	State	Dead Time	Address	Interface

3）SZSM-AA-S-03。

```
SZSM-AA-S-03#show ip ospf neighbor
```

OSPF process 0:

Neighbor ID	Pri	State	Dead Time	Address	Interface
192.168.1.1	1	Full/Backup	00:00:36	10.0.0.5	vlan1
192.168.1.2	1	Full/Backup	00:00:32	10.0.0.9	vlan4
192.168.1.5	1	Full/Backup	00:00:32	10.0.0.26	vlan2

4）SZSM-BB-S-04。

```
SZSM-BB-S-04#show ip ospf neighbor
```

OSPF process 0:

Neighbor ID	Pri	State	Dead Time	Address	Interface
192.168.1.2	1	Full/DR	00:00:31	10.0.0.13	vlan1
192.168.1.5	1	Full/Backup	00:00:32	10.0.0.22	vlan2

5）SZSM-BB-S-05。

```
SZSM-BB-S-05#show ip ospf neighbor
```

```
OSPF process 0:
Neighbor ID    Pri  State        Dead Time    Address      Interface
192.168.1.4    1    Full/DR      00:00:33     10.0.0.21    vlan2
192.168.1.3    1    Full/DR      00:00:32     10.0.0.25    vlan1
```

　　通过以上网络设计，使读者了解并且掌握网络项目的流程，能够对网络项目有全局性的认识，为整个网络项目的实施打下良好的基础。

7.5　本章小结

➢　掌握项目的设计流程。
➢　掌握项目的总体设计过程。
➢　掌握项目的实施过程
➢　理解项目的后期测试与运行维护。

7.6　习题

　　1）以下行为不属于神州数码争取客户、成就客户的方式的是（　　）。

    A．友商设备缺陷　　　　　　　　　　B．神州数码产品价格

    C．神州数码产品性能　　　　　　　　D．神州数码完善服务

　　2）以下场景属于"设备安装环境不具备"的是（　　）。

    A．客户机房未安装空调　　　　　　　B．机柜未接地

    C．上下行设备未到货　　　　　　　　D．客户项目负责人离职，接替者尚未入职

　　3）客户签署（　　）后，设备归属及责任就转移给客户了。

    A．产品安装报告　　　　　　　　　　B．验收报告

    C．设备装箱单　　　　　　　　　　　D．项目完工报告

　　4）服务工程师负责某项目交付，到达现场后该服务工程师发现产品配件不足，满足不了客户需求，此时该工程师应该（　　）。

    A．与客户说明产品配件不能满足需求，离开客户现场

    B．与客户说明产品配置不能满足要求，留在现场等待客户处理

    C．先完成设备安装及调试，等待问题爆发

    D．联系市场人员，要求市场人员联系客户商量解决方法

　　5）服务工程师在项目交付开工会时，应确保关键责任人参加开工会，以下（　　）可不参加项目开工会。

    A．负责设备销售的市场人员　　　　　B．客户现网运行维护负责人

    C．厂商研发设备的专家　　　　　　　D．上下行设备服务工程师

参 考 文 献

[1] STEVENS W R. TCP/IP 详解卷 1：协议 [M]. 吴英，张玉，许昱玮，译. 北京：机械工业出版社，2016.

[2] DOYLE J. TCP/IP 路由技术：第 2 卷 [M]. 夏俊杰，译. 北京：人民邮电出版社，2017.

[3] 沈鑫剡，魏涛，邵发明，等. 路由和交换技术 [M]. 2 版. 北京：清华大学出版社，2018.